Die Beurteilung von Schäden an Massivbrücken vom Standpunkte der Betriebssicherheit

Von

Dr. Ing. Rudolf Kern
Oberbaurat i. R. der Österreichischen Bundesbahnen
Breitenstein am Semmering

Mit 104 Textabbildungen

Springer-Verlag Wien GmbH
1950

ISBN 978-3-211-80151-2
DOI 10.1007/978-3-7091-7745-7
ISBN 978-3-7091-7745-7 (eBook)

Vorwort.

Von den Gründen, die zur Umgestaltung oder völligen Erneuerung einer Brücke führen, ist wohl einer der wichtigsten eine mangelnde Betriebssicherheit. Leider wird bei der Beurteilung von schadhaften Brücken das harte Wort „betriebsgefährlich“ meist viel zu schnell, ohne langes Überlegen, ausgesprochen. Ja es ist geradezu erstaunlich, wie selbst alte Brückenfachleute ein vollständiges Fehlurteil abgeben und schadhafte Brücken mit harmlosen Rissen als baufällig und in hohem Grade betriebsgefährlich erklären; ein Zeichen, daß hier eine Lücke im Fachwissen besteht.

Diese Lücke trotz der Ungunst der Zeiten schließen zu helfen, ist ein großes Verdienst des Springer-Verlages. Denn heute gilt — auch im Brückenbau — mehr denn je die Forderung: keine unnötigen Geldausgaben, keine Verschwendung von öffentlichen Mitteln. Dieses Gebot der Stunde in die Tat umzusetzen, ist der Zweck des vorliegenden Buches.

Breitenstein am Semmering, Juli 1950.

Rudolf Kern

Inhaltsverzeichnis.

Seite

1. Einleitung . . . 1
2. Verwitterung . . . 2
   a) Natürliche Verwitterung . . . 2
   b) Natürliche Verwitterung, verstärkt durch andere Ursachen . . . 4
   c) Betriebssicherheit . . . 6
3. Verkleiden von Pfeilern und Widerlagern . . . 7
   a) Abtrennen der Schalen und seine Ursache . . . 7
   b) Andere Beispiele . . . 10
   c) Betriebssicherheit . . . 13
   d) Andere Nachteile der Schalenbauweise . . . 14
4. Verkleiden der Gewölbestirn . . . 15
5. Nachträglich eingebaute untere Gewölberinge . . . 17
   a) Beobachtungen . . . 17
   b) Kraftübertragung . . . 19
   c) Betriebssicherheit . . . 24
6. Abtrennen der Flügel . . . 25
7. Gründung auf Holz . . . 27
8. Örtliche Überbeanspruchung in Pfeilern . . . 29
   a) Versuche . . . 29
   b) Beobachtungen . . . 31
   c) Betriebssicherheit . . . 33
9. Einwirkung des Baugrundes auf die Pfeiler . . . 34
10. Einige Alterserscheinungen an Pfeilern und Widerlagern . . . 37
11. Scheitelsenkungen der Gewölbe infolge Mörtelarmut . . . 39
12. Darstellung und Bezeichnung der Risse in Gewölben . . . 44
13. Beurteilung der Risse in Gewölben vom Standpunkte der Betriebssicherheit 46
   a) Risse parallel zum Gleis . . . 46
   b) Risse senkrecht zum Gleis . . . 48
   c) Schräge Risse . . . 51
   d) Brücken im Bogen . . . 51
14. Ursachen der Gewölberisse parallel zum Gleis . . . 52
   a) Verkehrslast . . . 52
   b) Erddruck senkrecht zum Gleis . . . 54
   c) Einpressen in den Baugrund . . . 56
   d) Abtrennen der Stirnringe bei Neubauten . . . 60
   e) Abtrennen oder Verdrehen der Stirnringe bei alten Gewölben . . . 61
15. Ursachen der Gewölberisse senkrecht zum Gleis . . . 66
   a) Auslaugen des Mörtels aus dem Gewölbe . . . 66
   b) Ausweichen der Kämpfer nach außen . . . 66
   c) Verdrehen der Widerlager nach innen . . . 69
   d) Entwurfsfehler . . . 71
   e) Ausführungsfehler . . . 72
   f) Wirkung von Sprengbomben . . . 74

2. Verwitterung.

Die allermeisten Schäden an Massivbrücken beruhen auf bloßer Verwitterung; sie werden durch Feuchtigkeit und Frost hervorgerufen. Ganz allgemein gesprochen, verwittert Ziegelmauerwerk leichter als Bruchstein- oder Quadermauerwerk (Abb. 4, 5). Beton als jüngster Baustoff hat noch am wenigsten unter der Verwitterung gelitten, vorausgesetzt, daß das Bauwerk sachgemäß hergestellt worden ist.

a) Natürliche Verwitterung.

Abb. 1 zeigt den gewöhnlichen Fall der Verwitterung der dem Schlagregen ausgesetzten Stirnringe. Das Gewölbe selbst war gut abgedeckt und ganz trocken. Die Verwitterung des Stirnringes wird

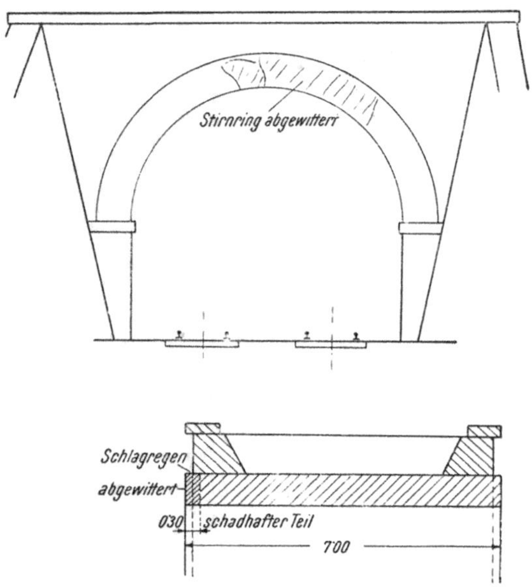

Abb. 1. Verwitterung des Stirnringes durch Schlagregen und Frost.

gefördert, wenn das Gewölbe etwas vor die Stirnfläche gezogen ist, so daß sich auf dem Vorsprunge Wasser und Schnee sammeln können.

Es verwittern auch jene Teile der Gewölbeleibung, die nicht von Regen und Schnee getroffen werden. Hier muß die Verwitterung viel langsamer und unauffälliger vor sich gehen. In Brücken in Dämmen herrscht fast immer ein Luftzug durch den Bodenwind. Die Gewölbeleibung wird im Herbst durch die vorbeistreichende Luft feucht und gefriert im Winter. Die durch den Frost abgesprengten Ziegelstückchen werden im Frühjahr bei warmem Wetter locker. Durch das Auffahren eines Zuges wird das Gewölbe verformt. An der Leibung hört man ein Knistern, schließlich verlieren die abgewitterten Brocken den Zusammenhang mit dem übrigen Gewölbe und fallen herunter. Ängstliche Leute befürchten dann, daß das Gewölbe unter dem Zuge schon ganz zusammenbreche.

Es ist aber auch möglich, daß man ein altes, mit weichem Kalkmörtel hergestelltes Ziegelmauerwerk nachträglich mit einem harten Zementmörtel verfugt hat und daß dann wegen des verschiedenen Verhaltens der beiden Mörtelarten bei den Fugen

Abb. 2. Verwitterung eines schiefen Durchlasses durch feuchte Luft und Frost.

einzelne Stücke abgesprengt werden. Diese Erscheinung würde sich aber selbstverständlich nicht nur auf das Frühjahr beschränken.

Ein gutes Beispiel für starke Schäden durch Luftfeuchtigkeit bringt Abb. 2. Der Durchlaß liegt in einem hohen Damm, von dem kein Wasser auf das Bauwerk durchsickert. Durch das Gelände bedingt, herrscht in diesem langen Gewölbeschlauch fast immer ein starker Luftzug. Das Gewölbe ist schief, die Ringe sind gegeneinander versetzt. Es ist klar, daß Kanten und Ecken immer stärker verwittern müssen, weil sie von zwei Seiten angegriffen werden (dasselbe gilt für Abb. 1).

b) Natürliche Verwitterung, verstärkt durch andere Ursachen.

Die Verwitterungsschäden werden sehr verstärkt, wenn das Mauerwerk von innen her deshalb durchnäßt wird, weil die wasserdichte Abdeckung schadhaft geworden ist oder die Wasserabläufe verlegt sind.

Im Gewölbe der Abb. 3 war das Abfallrohr verstopft, das Wasser drang in das Mauerwerk, laugte den Mörtel aus und verursachte außerdem schwere Frostschäden. An der umfangreichen Algenbildung (schwarze Flecke der Abbildung) erkennt man, daß dieser Zustand jahrelang belassen wurde. So unangenehm das Erneuern

Abb. 3. Die natürliche Verwitterung wird verstärkt durch ein verstopftes Abfallrohr ↓ und schadhafte Abdeckung. Schiefes Gewölbe, auch der Stirnring stark verwittert (Kübgraben, vgl. Abb. 11).

der wasserdichten Abdeckung während des Betriebes ist, so darf man es doch nicht wie hier so weit kommen lassen, daß das sonst gute Bauwerk auf diese Weise vorzeitig zugrunde gerichtet wird.

Bei der durch die Abb. 4, 5, 81 und 82 dargestellten Brücke über den Halzlgraben hat sich ein Widerlager nach vorne geneigt, der Scheitel wurde hinaufgedrückt. Das Mauerwerk wurde samt der wasserdichten Abdeckung beschädigt, das Wasser kam an vielen Stellen in das Gewölbemauerwerk. Hier wirkten also vier Ursachen an der Zerstörung des Mauerwerkes: der Schlagregen auf die Außenflächen, die feuchte Luft auf die geschützte Leibung, die Durchnässung des Mauerwerkes von innen, die, wenn auch geringe, Geradestreckung bzw. stärkere Krümmung der Gewölbeschenkel, wodurch der Ziegelverband gelockert wurde. Aus den Stirnringen fielen ganze Ziegel herunter, ja sogar ein Brocken mit drei Ziegeln auf einmal, d. h. ungefähr 20 kg.

Durch die Verformung des Gewölbes unter den fahrenden Zügen verloren auch hier die gelockerten Ziegelstückchen ihren Halt und fielen herunter. Beim Umbau der Brücke fürchteten daher auch hier die Arbeiter, das Bauwerk breche zusammen. Man mußte über ihren Köpfen ein leichtes Schutzdach anbringen (Abb. 5).

Abb. 4. Natürliche Verwitterung und Schäden durch Verdrehen eines Widerlagers (Halzlgraben, vgl. Abb. 5, 81, 82).

Verwitterungserscheinungen stehen in engem Zusammenhang mit der geographischen Lage des Bauwerkes. Mitte des vorigen Jahrhunderts wurde ein Obelisk aus Ägypten nach Petersburg geschafft und dort im Freien aufgestellt. Der Stein, der in seiner heißen, trockenen Heimat einige Jahrtausende unverändert geblieben war, zeigte am neuen Standort schon nach wenigen Jahrzehnten feine Risse an der Oberfläche. Man kann nicht erwarten, daß sich Ziegel in unserem Klima besser halten werden als polierter Diorit.

Ein Teil der Semmeringbahn steigt bis zu 900 m Seehöhe an, kommt dadurch aus dem Gebiet der Talnebel heraus und hat im Winter viel Sonnenschein. Das ergibt Auftauen des Mauerwerkes auf der Sonnenseite im Laufe des Tages und Wiedergefrieren nach Sonnenuntergang. Die aus Ziegeln bestehenden Brücken dieser Teilstrecke leiden daher sehr stark unter Verwitterung (Abb. 4, 5, 9, 10, 13, 14 und 18).

Ganz anders auf gleich alten Brücken des tiefer liegenden Wiener Beckens. Hier gibt es im Winter wenig Sonne, daher auch

Abb. 5. Dieselbe Brücke wie Abb. 4. Unten Schutzdach für die Arbeiter beim Brückenbau gegen herabfallende Ziegelstücke.

viel seltener Schwankungen um den Gefrierpunkt und daher auch nur sehr geringe Verwitterungsschäden an den ebenfalls aus Ziegeln erbauten Brücken.

c) Betriebssicherheit.

Die Gewölbe brechen nicht zusammen, wenn infolge Verwitterung ein unbedeutender Teil des Querschnittes nicht mehr mitwirkt. Von einer Verminderung der Standsicherheit der Brücke kann selbstverständlich nicht gesprochen werden, ebensowenig wie die Standsicherheit eines vierstöckigen Hauses verringert ist, wenn der Verputz herunterfällt; wohl aber ist bei einem solchen Haus die Sicherheit der unten vorbeigehenden Leute gefährdet.

Ganz ähnlich ist es bei Brücken. Man muß eben unterscheiden zwischen Standsicherheit und Betriebs- oder Verkehrssicherheit. Die Verkehrssicherheit ist tatsächlich durch herunterfallende Gesteinsbrocken gefährdet, aber doch nur auf dem unteren Verkehrswege und nicht auf dem oberen. Liegt unten eine Straße, so können Menschen und Tiere verletzt oder Pferde scheu werden. Liegt unten eine Eisenbahn, so ist die Gefährdung des Zugsverkehrs selbstverständlich viel geringer, weil die Wagen geschlossen sind.

Die in Abb. 1 gezeigte unbedeutende Verwitterung veranlaßte die Verwaltung der oben liegenden Straße, von der Verwaltung der unten liegenden Bahn die sofortige Instandsetzung des Bauwerkes zu verlangen, weil der Straßenverkehr gefährdet sei. Diese Beschwerde war abzuweisen, weil die Verwitterungsschäden weder auf die Standsicherheit des Bauwerkes noch auf die Sicherheit des Straßenverkehrs einen Einfluß hatten; und die Gefährdung der unten liegenden Eisenbahn durch herabfallende Ziegelstücke war Sache der Bahnverwaltung und überdies so unbedeutend, daß das Bauwerk in seinem Zustande belassen wurde.

Der bei Abb. 4 und 5 geschilderte Zustand ist nur bei einem Waldweg möglich. In Abb. 5, links unten, ist zu sehen, wie man versucht hat, durch Warnungstafeln aus der Haftpflicht herauszukommen. Ob das im Ernstfalle von Erfolg gewesen wäre, ist fraglich.

Gegen das Herunterfallen von Ziegelstückchen und Verputz im Frühjahr kann man sich dadurch sichern, daß nach Ende des Frostes die Gewölbeleibung mit Stangen abgestochert und dadurch die losen Stücke heruntergeschlagen werden.

Die Abb. 9, 10, 13, 14, 16, 17, 18, 39 und 41 zeigen zum Teil ziemlich schwere Verwitterungsschäden. Soweit sich die Schäden auf die Sichtflächen beschränken und nicht im Zusammenhang mit Schäden anderer Art in das Innere des Bauwerkes hineinreichen, ist die Standsicherheit nicht gefährdet; bei den Brücken der eben genannten Abbildungen jedenfalls nicht.

3. Verkleiden von Pfeilern und Widerlagern.

Das Herausschlagen der verwitterten Steine und Einsetzen von neuen Steinen ist, wie von den mittelalterlichen Kirchen bekannt, immer schon gehandhabt worden. Beim Bau der Semmeringbahn z. B. mußten schon bei der Übernahme der Brücken sehr viele schadhafte Ziegel ausgewechselt werden.

Mit zunehmender Verwitterung wurden immer größere zusammenhängende Flächen auf einmal erneuert. Auf jenen Strekken, wo die Verwitterungsschäden an den Brücken große Erhaltungskosten verursachten, ist man in späterer Zeit dazu übergegangen, an Stelle der Ziegel wetterbeständigere Baustoffe zu verwenden, nämlich Klinker, Betonformsteine und Spritzbeton. Man hat damit vor das alte Kernmauerwerk eine verhältnismäßig dünne Schale gesetzt. Die Verwitterungsschäden wurden zwar vermindert, dafür haben sich aber andere Mängel eingestellt.

Man wird immer wieder schadhaftes Mauerwerk verkleiden, weil man nicht wegen einer mehr oder minder starken Verwitterung das ganze Bauwerk abtragen und neu aufführen wird. Es handelt sich hier darum, die mit der Bauweise verbundenen Mängel darzulegen. Alle lassen sich nicht vermeiden, wohl aber der wichtigste, das Loslösen der Schale.

a) Abtrennen der Schalen und seine Ursache.

Man hat ganz übersehen, daß Kernmauerwerk und Schale in der Regel ganz verschiedene Eigenschaften haben. Das alte Mauerwerk hat immer einen weichen Kalkmörtel. Das Innere der Pfeiler besteht häufig sogar nur aus einem ganz minderwertigen Füllmauerwerk mit viel Sand und wenig Kalk. Die vorgesetzte Schale besteht aus einem harten Baustoff (Klinker, Beton). Aber selbst wenn wieder gewöhnliche Ziegel vorgesetzt werden, wird dazu heute doch immer der harte Portlandzementmörtel verwendet.

Abb. 6. Abtrennung der Schale aus Betonformsteinen von der Langseite des Mittelpfeilers. Im rechten Felde ist nur der linke Gewölbeschenkel abgeschlagen und verkleidet worden.

Kernmauerwerk und Schale müssen annähernd gleiche Eigenschaften haben. Ist das nicht der Fall, dann kann sich die Schale im Laufe der Zeit abtrennen (Abb. 6 und 7). Das läßt sich leicht rechnerisch begründen.

Die Normen geben folgende Formenänderungszahlen E und Wärmedehnzahlen α:

	E t/cm²	$\alpha\ 10^6$
Ziegelmauerwerk in Zementmörtel	50	5
Bruchsteinmauerwerk in Zementmörtel	100	8
Beton bei Berechnung der Formänderungen	210	10

Nehmen wir an, ein 5 m hoher Pfeiler werde von einer Verkehrslast befahren, die eine Spannung von nur 0,7 kg/cm² hervorruft. Ein anderes Mal werde er einer gleichmäßigen Temperaturschwankung von 10° unterworfen. Von einseitiger Sonnenbestrahlung wollen wir ganz absehen. Die Verkleidungsschale bestehe aus Beton, der Kern aus gutem, neuem Ziegelmauerwerk. Besteht der Kern aus altem, schlechtem Ziegelmauerwerk, dann sind die im folgenden errechneten Längenunterschiede noch viel größer.

Längenänderung des Pfeilers	$\lambda = \frac{\sigma\, l}{E}$	$\lambda = \alpha\, t\, l$
Ursache der Längenänderung	$\sigma\ p = 0{,}7\ kg/cm^2$	$t = +10^0$

	Längenänderungen	
Ziegelmauerwerk in Zementmörtel	0,070 mm	0,25 mm
Bruchsteinmauerwerk in Zementmörtel	0,035 „	0,40 „
Beton	0,017 „	0,50 „
Unterschied zwischen Ziegel und Beton	+ 0,053 mm	— 0,25 mm

Fährt die Verkehrslast auf den Pfeiler, dann würde der Kern aus Ziegeln um 0,070 mm zusammengepreßt und die Betonschale nur um 0,017 mm, d. h. der Kern viermal stärker. Da aber Schale und Kern miteinander verbunden sind und sich wenigstens im Anfang gemeinsam verkürzen müssen, bekommt die Schale einen viel größeren Druck als der Kern und sie versucht, weil sie hoch und dünn ist, seitlich auszuweichen. Die Folge davon ist, daß das Bindeglied zwischen Schale und Kern, also bei Betonformsteinen die Binder, auf Zug und Abscheren beansprucht wird. Ist nun der Abstand der Binder zu groß oder sind die Binder zu kurz oder schlecht eingemauert, so werden sie abgerissen oder herausgezogen. Die ganze Wand löst sich ab. Ist der Pfeiler rundherum verkleidet und haben sich die Schalen an zwei aneinanderstoßenden Pfeilerseiten abgelöst, so sollte sich das Pfeilereck nach zwei verschiedenen Richtungen bewegen (Abb. 8 a). Die Risse entstehen daher in den Pfeilerecken (Abb. 6 und 7) und nicht an den Pfeilerseitenflächen. Das ist das Kennzeichnende.

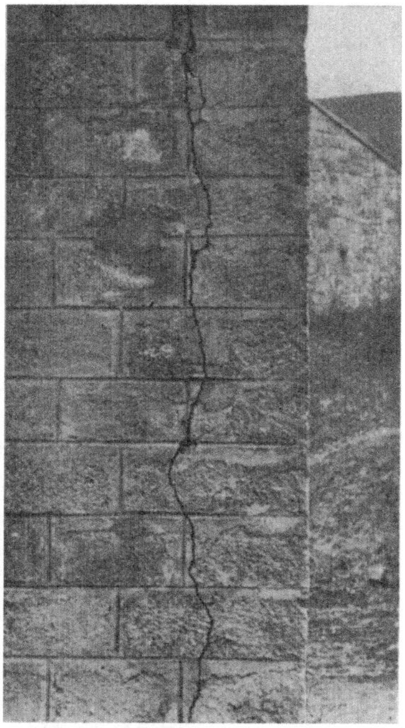

Abb. 7. Derselbe Pfeiler wie in Abb. 6. Abtrennung der Pfeilerschmalseite.

Die neue Schale sitzt unten beim Grundmauerwerk und oben beim Kämpfer fest, daher läuft der Riß oben und unten auf Null aus.

Ist nur eine Pfeilerseite verkleidet (Abb. 9), dann treten solche Eckenrisse nicht auf.

Nehmen wir an, daß sich die Schale in einem Kreisbogen nach außen krümmt (Abb. 8 b). Der Spalt soll in der Mitte 10 mm breit sein, oben und unten auf Null auslaufen. Dann beträgt der Längenunterschied zwischen Sehne (das ist der Kern) und Kreisbogen (vorgebauchte Schale) 0,054 mm, also dasselbe Maß, wie es sich oben in der Übersicht als Längenunterschied in der Verformung des Ziegelmauerwerkes gegenüber der Betonschale ergab.

Bei Wärmewechsel ist es umgekehrt, da sind die Längenänderungen des Ziegelkernes nur halb so groß wie die der Betonschale (0,25 gegen 0,50 mm bei 10° Schwankung). Es genügt eine Temperaturzunahme von nur 2°, um einen Längenunterschied von 0,05 mm und einen 10 mm breiten Spalt hervorzurufen.

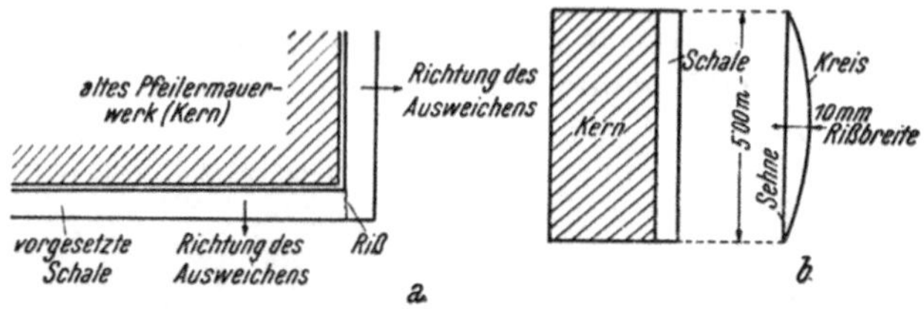

Abb. 8. Abtrennen harter Schalen vom Mauerwerk eines Pfeilers. *a* waagrechter Schnitt, *b* lotrechter Schnitt; Längenunterschied zwischen Sehne (Kernmauerwerk) und Kreis (vorgedrückte Schale) 0,054 mm.

Abb. 9. Starke Verwitterung der Pfeilerlangseite. Die Schmalseite ist mit Betonformsteinen verkleidet.

Zusammenfassend kann man also sagen: Besteht die Schale aus einem härteren Baustoff als der Kern, dann muß sie sehr sorgfältig mit ihm verbunden werden.

b) Andere Beispiele.

Beim Pfeiler der Abb. 9 wurde nur eine Pfeilerschmalseite verkleidet. Ob sich die ganze Wand abgetrennt hat, läßt sich schwer feststellen. Man sieht aber die unzureichende Einbindung, nur jeder vierte Betonformstein ist ein Binder, und überdies sind sie viel zu kurz. Abb. 10 gibt eine Einzelheit der Verwitterung der Pfeilerlängsseite.

Eine gewölbte Brücke, deren Sichtflächen hauptsächlich aus Ziegeln, zum Teil aus Betonformsteinen bestanden, sollte durchaus mit Spritzbeton verkleidet werden. In Abb. 11 sieht man, daß

Abb. 10. Einzelheiten zu Abb. 9.

Abb. 11.

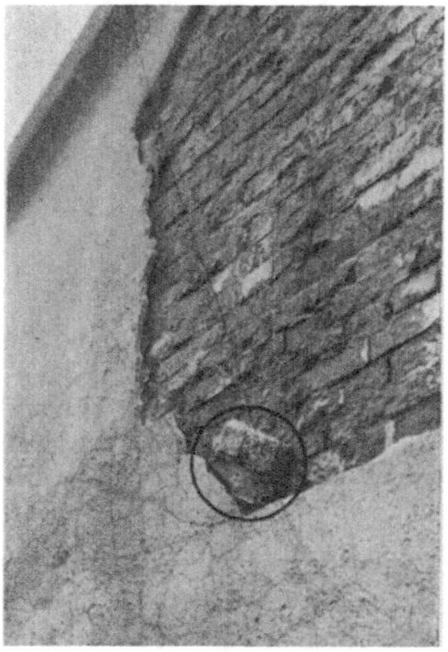

Abb. 12.

Abb. 11. Verkleidung mit Betonformsteinen. Durchlaufender Riß im einspringenden Eck des Risalites. Vorbereitung zum Aufspritzen von Beton (Kübgraben, vgl. Abb. 3).

Abb. 12. Unbewehrter Spritzbeton auf altem Ziegelmauerwerk nach dreijährigem Bestande. Im Kreis ein umgelegtes Schalenstück.

das einspringende Eck der Betonformsteinverkleidung einen durchlaufenden Riß hat. Da man nicht wußte, ob sich die ganze Formsteinwand von dem alten, weichen Kernmauerwerk abgelöst hatte, mußte sie bei der Instandsetzung erst mit ihm ordentlich verankert werden. Die Bewehrung für den Spritzbeton ist zum Teil aufgebracht. Sie kann — im Gegensatz zu den Betonformsteinen — mit dem alten Mauerwerk leicht in ausreichendem Maße verankert werden, so daß ein Ablösen des Spritzbetons nicht zu befürchten ist.

Unbewehrter Spritzbeton hat auf altem Ziegelmauerwerk in Kalkmörtel keinen Bestand (Abb. 12). Die Ursache liegt in den

Abb. 13.

Abb. 14.

Abb. 13. Der Längsriß an der Pfeilerkante läßt vermuten, daß früher einmal die ganze Sichtfläche ausgewechselt worden ist (Höllgraben, vgl. Abb. 41).

Abb. 14. Einwandfreie Auswechslung der Pfeilerkanten. Starke Verwitterung der Pfeilerlangseiten bis zu 30 cm Tiefe (Schwarzabrücke, vgl. Abb. 49 und 53).

ganz verschiedenen Wärmedehnzahlen. Dabei haftet der Spritzbeton meist fest an den Ziegeln, die Trennungsfugen bilden sich gewöhnlich in den Ziegeln selbst; siehe das umgelegte Stück der Verkleidung im Kreis.

Der Längsriß an der Pfeilerkante der Abb. 13 läßt vermuten, daß auch hier einmal die ganze Sichtfläche ausgewechselt worden ist. Sie hat sich erst gelöst, als schon wieder größere Verwitterungsschäden aufgetreten waren, wobei ja die Pfeilerkanten besonders leiden.

Abb. 14 bringt ein Bild für eine durchaus gelungene Instandsetzung der Pfeilerkanten mit Betonformstein bei der Schwarzabrücke. Die Pfeilerkanten lassen sich leichter einwandfrei mit dem Kernmauerwerk verbinden als ganze Wände. Ein Gegenbeispiel bringt Abschn. 9.

c) *Betriebssicherheit.*

Wenn man aus einem bestehenden Bauwerk ein Stück entfernt und es durch einen vollkommen gleichartigen Baustoff ersetzt, also z. B. Ziegel durch Ziegel oder Beton durch Beton, so darf man nie vergessen, daß der neue Teil sich an der Übertragung der ständigen Last nicht beteiligt und daß er an der Übertragung der Verkehrslast oder anderer Kräfte erst nach einer Verformung des alten Mauerwerks teilnehmen kann. Dabei wird vollkommen sattes Anliegen des neuen Teiles vorausgesetzt. Bei nachlässiger Arbeit, oder wenn ein längerer Betonteil stark geschwunden ist, ist das nicht der Fall. Dann kann vom neuen Teil eben auch nur ein Teil der Verkehrslast aufgenommen werden. Es hängt nun ganz von den Abmessungen des ganzen Pfeilers und des

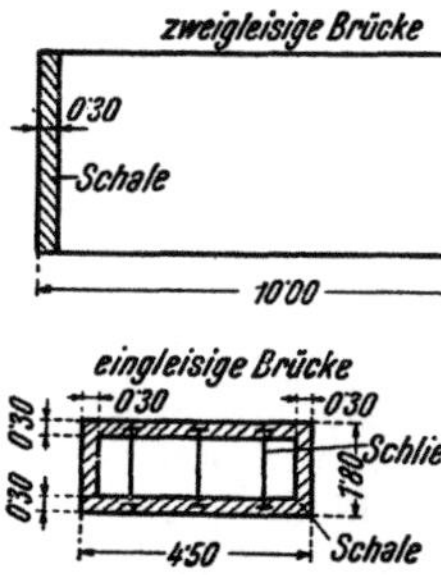

	Zweigleisiger Pfeiler	Eingleisiger Pfeiler
Ursprüngliche Fläche Fa	40,0 m²	8,1 m²
Verkleinerte Fläche Fv	38,8 „	4,68 „
Fa/Fv =	1,03	1,73
Spannungserhöhung bei mittigem Druck	3 %	73 %

Abb. 15. Pfeilerquerschnitt einer zwei- und einer eingleisigen Brücke.

neu eingesetzten Stückes ab, ob von einer unerwünschten Erhöhung der Beanspruchung des alten Teiles gesprochen werden muß.

In Abb. 15 sind die erneuerten Teile schraffiert. Die Erhöhung der Spannung aus Eigengewicht ist bei der zweigleisigen Brücke unbedeutend, beim Pfeiler der eingleisigen Brücke aber recht beträchtlich. Dabei ist nur mittiger Druck angenommen.

Die Mitwirkung der Schale hängt, wie erwähnt, selbst bei gleichen Baustoffen vom satten Anliegen ab. Bestehen aber Schale und Kern aus verschiedenen Baustoffen, dann wird aus dem in Abschnitt 3 a angegebenen Grunde die Verteilung der Verkehrslast auf Schale und Kern ziemlich unklar. Ist der Pfeiler ganz mit Beton ummantelt, so verzichtet man bekanntlich häufig rechnungsmäßig auf die Mitwirkung des Kernes und weist die ganze Verkehrslast dem Mantel zu. Als tragend wird also dann nur das hohle Rechteck angenommen, das allerdings durch Schließen gegen Ausknicken gesichert werden muß (Abb. 15).

Pfeilerlängsrisse, wie in Abb. 6, 7 und 11, müssen selbstverständlich beobachtet werden. Ein Abstürzen der Wände ist bisher nicht vorgekommen.

Die in den Abb. 9, 10, 12, 13 und 14 dargestellten Schäden sind wie Verwitterungsschäden nach Abschn. 2 c zu beurteilen.

d) *Andere Nachteile der Schalenbauweise.*

An der Übergangsstelle zwischen Schale und altem Mauerwerk wird die Verwitterung der alten Sichtfläche beschleunigt (Abb. 9), denn hier wurde ja jeder zweite Ziegel abgeschlagen, also verletzt. Dieselbe Erscheinung zeigt Abb. 16. Zweifellos sind diese Verwitterungsschäden erst nach dem Einbau der Betonformsteine entstanden, denn sonst wären ja die schadhaften Stellen damals gleich

Abb. 16.

Abb. 17.

Abb. 16. Besonders starke Verwitterung an der Übergangsstelle zwischen altem Mauerwerk und der neuen Verkleidung aus Betonformsteinen.

Abb. 17. Die Betonschale hat sich von dem Ziegelmauerwerk wieder abgelöst. Unten: das nasse Ziegelmauerwerk verwittert hinter der Betonschale weiter.

mit ausgewechselt worden. In Abb. 16 kommt hinzu, daß sich die Erneuerung der Sichtfläche auf den Stirnring beschränkt hat, wodurch seine vollständige Abtrennung gefördert worden ist (vgl. Abschn. 14 e).

Ein weiterer Nachteil der Verkleidungsbauweise ist der, daß das alte Mauerwerk der Beobachtung entzogen ist. Abb. 17 zeigt eine sehr gute unbewehrte Betonschale, aber das Widerlager ist vom Damm her naß und verwittert hinter der Schale weiter; nur beim Anschlagen gibt die Schale einen dumpfen Klang. Wenn in dem Kernmauerwerk früher schon Risse waren, weiß man nicht, ob sie sich vergrößert haben.

Das Vorsetzen von Schalen gerät mit dem Wechsel der Beamten in Vergessenheit. Man weiß nichts mehr von dem wirklichen Zustand des Bauwerkes und wird durch die schöne Schale getäuscht.

Umgekehrt kann es vorkommen, daß nur die Schale Risse bekommt, man kann es aber nicht ohne weiteres feststellen. So z. B. wußte man, wie erwähnt, bei Abb. 11 nicht, ob sich der ganze Risalit oder nur die Formsteinverkleidung abgetrennt hatte. In einem solchen Falle ist es ohne eingehende Untersuchung schwierig zu sagen, inwieweit die Betriebssicherheit gelitten hat.

Soll eine Brücke umgebaut werden oder sind größere Verwitterungsschäden zu beheben und besteht die Vermutung, daß das Bauwerk schon früher einmal mit einer Schale verkleidet worden ist, so soll man, bevor man einen Bauentschluß faßt, unbedingt mehrere Schaulöcher in das Mauerwerk schlagen, damit man sich über den inneren Zustand des Bauwerkes unterrichten kann.

4. Verkleiden der Gewölbestirn.

Wird von einem alten Ziegelgewölbe die Stirnfläche wegen Verwitterungsschäden abgeschlagen und wieder durch Ziegel, aber in härterem Mörtel, ersetzt, so kann sich die vorgesetzte Schale im Laufe der Zeit wieder ablösen (Abb. 18). Die Ursache liegt in den verschiedenen Eigenschaften der Schale gegenüber dem alten Mauerwerk und den dadurch bedingten Unterschieden in den Längenänderungen, ganz ähnlich, wie es im Abschn. 3 a beschrieben worden ist. Das Kennzeichen solcher Risse ist ihre Lage im Abstand eines ganzen oder auch halben Ziegelsteines hinter der Stirnflucht und daß sie sich gegen das Gleis zu nicht verästeln (Abb. 18 und Abb. 57 c, Riß *1*).

Abb. 18. Die nachträglich angesetzte Schale löst sich von der Gewölbestirne ab. Starke Verwitterung der Leibung (Unterer Adlitzgraben, vgl. Abb. 28, 77, 99).

Das Entstehen einer derartigen Trennungsfläche wird begünstigt, wenn, wie in Abb. 19, nicht nur die Stirne, sondern auch die Leibung des Gewölbes mit einer Schale verkleidet worden ist und die Leibungsschale (der unterste Gewölbering) nach unten gesunken ist (vgl. Abschn. 5 a).

Abb. 20 zeigt die Ablösung einer Gewölbestirne auf die ganze Feldweite.

Abb. 19.

Abb. 20.

Abb. 19. Die nachträglich angesetzte Verkleidung hat sich von der Stirne und von der Leibung des Gewölbes abgelöst (Innsbrucker Brücke, vgl. Abb. 20 bis 22).

Abb. 20. Ablösen der Schale von der Gewölbestirne, die Stirnschale ist unten hinausgedrückt (Innsbrucker Brücke, vgl. Abb. 19, 21, 22).

Da die Trennfläche keine glatte Ebene ist und die Stirnschale sich an den Bewegungen des übrigen Gewölbes infolge der Verkehrslast wahrscheinlich nicht mehr sehr beteiligt hat, wurde die Stirnschale infolge dieser Bewegungen unten seitlich hinausgedrückt, sie

Abb. 21.

Abb. 22.

Abb. 21. Beim Abtragen ist die Verkleidung der Stirnmauer in einem Stück abgefallen (Innsbrucker Brücke, vgl. Abb. 19, 20, 22).

Abb. 22. Einzelheit zu Abb. 21.

steht schief. Bei den Abtragungsarbeiten fiel eine solche Stirnschale selbstverständlich sofort in sich zusammen (Abb. 21). Aus Abb. 22 ist zu ersehen, daß zwischen der Stirnschale und dem alten Gewölbe kein sehr guter Zusammenhang war. Der Mörtel hat an verhältnismäßig vielen Ziegeln nicht gut gehaftet. Nur einige Backsteine sind durch Dauerbeanspruchung muschelig gebrochen.

Betriebssicherheit.

a) Oberer Verkehrsweg. Die Breite des Gewölbescheitels einer eingleisigen Brücke betrage 4,30 m, die Breite der abgetrennten Stirnverkleidung 0,30 m. Eine Erhöhung der Spannungen aus ständiger Last und Wärmewechsel tritt nicht ein, weil der Stirnkranz sich selbst trägt. Die Spannung aus Verkehrslast wird um $\frac{4,30}{4,30-0,30} = 1,075$, das ist um 8 %, erhöht. Das ist nicht viel. Hingegen muß man sich fragen, ob in dem Falle, daß die abgetrennte Stirnschale abstürzen würde, das Schotterbett nachrutschen kann (vgl. Abschn. 14 b und d, 21 c). Dagegen müßte man sich sichern. Die Gewölbe der Abb. 21 waren so hoch hintermauert, daß das Schotterbett nicht gefährdet war. Tatsächlich wurden diese allerdings im Bahnhofsbereich Innsbruck liegenden Gewölbe bis zum Umbau mit voller Geschwindigkeit befahren.

b) Unterer Verkehrsweg. Die Gefährdung des unteren Verkehrsweges ist nur vom Standpunkte der Verwitterungsschäden zu beurteilen (vgl. Abschn. 2 c).

5. Nachträglich eingebaute untere Gewölberinge.

Starke Ziegelgewölbe wurden sehr häufig in zwei oder drei übereinanderliegenden Ringen hergestellt, und zwar nicht nur, um an Lehrgerüst zu sparen, sondern weil sonst bei parallelflächigen Ziegeln die Mörtelfugen des obersten Ringes zu dick geworden wären. Bei starker Verwitterung der Leibung hat man den untersten Gewölbering abgeschlagen und häufig durch einen wetterbeständigeren Baustoff (Klinker, Betonformsteine) ersetzt. Man hat auch alte Gewölbe durch nachträgliches Einziehen eines unteren Ringes verstärkt.

a) Beobachtungen.

Das Anmauern eines neuen Ringes von unten ist um so schwieriger, je flacher der Bogen ist. Der Erfolg hängt in hohem Maße von der Geschicklichkeit und der Zuverlässigkeit der Maurer ab. Vom Gewölbe in Abb. 23 wurde der unterste Ring abgeschlagen und durch einen neuen aus dem gleichen Baustoff ersetzt. Infolge des natürlichen Zusammendrückens der Fugen hat sich der unterste Ring gesetzt, zwischen ihm und dem darüberliegenden Ringe ist ein Spalt. Wegen des fehlenden Verbandes mit den oberen Ringen kann der untere Ring, wenn er verwittert ist, in großen, zusammenhängenden Flächen herunterfallen[1].

Abb. 23. Sehr flaches Versteifungsgewölbe eines zweistöckigen Talüberganges. Der unterste Ring ist gesunken.

Abb. 24. Der nachträglich angemauerte untere Ring aus Betonformsteinen ist abgesunken.

Das Lösen des untersten Ringes aus Betonformsteinen vom oberen Ringe aus gewöhnlichen Ziegeln (Abb. 24) wird durch die verschiedenen stofflichen Eigenschaften der beiden Ringe gefördert (vgl. den nächsten Abschn. b).

---

[1] Ein schönes Beispiel bringt Kern, Bauingenieur **18** 802 (1937), Abb. 3.

Abb. 25 a zeigt eine Brücke, bei der die verwitterten Stirnringe mit Betonformsteinen verkleidet wurden. In späterer Zeit hatten sich die Formsteine ganz vom alten Gewölbe abgetrennt, in den Zwischenraum konnte man die Hand hineinlegen. Hier muß also nachlässig gearbeitet worden sein.

Bei dem durch Abb. 25 b dargestellten Durchlaß wurde das Gleis durch eine stählerne Hilfsbrücke unterfangen und hierauf die untere Hälfte der Gewölbestärke in einem Zuge abgeschlagen und

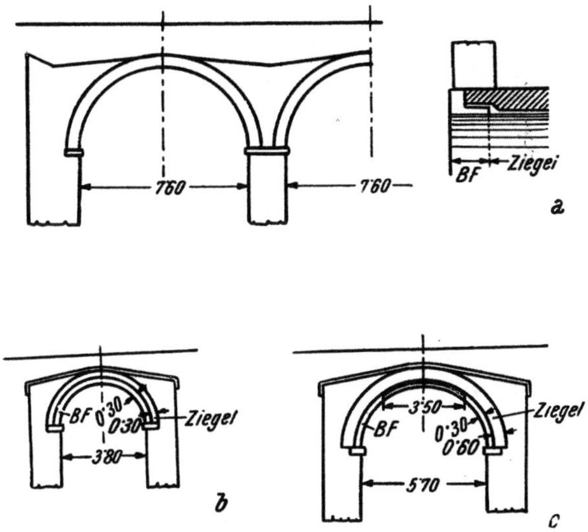

Abb. 25. Verkleidung mit Betonformsteinen *BF*.

durch Betonformsteine ersetzt. Sodann wurde versucht, in die Fuge zwischen altem und neuem Gewölbe Zementmörtel einzupressen, aber ohne Erfolg. Hier muß also gut angemauert worden sein.

Bei dem Durchlaß der Abb. 25 c wurde ein Drittel der Gewölbedicke abgeschlagen, die Betonformsteine wurden bei den Kämpfern satt angemauert, gegen den Scheitel zu, wo das Anmauern schwieriger ist, wurde von vornherein eine Fuge offen gelassen. Durch nachträgliches Einpressen von Zementmörtel in die Fuge wurde das Zusammenarbeiten der neuen und alten Gewölberinge erzwungen[2]. Dieses Verfahren ist aber bei kleinen, abseits gelegenen Durchlässen viel zu teuer.

b) Kraftübertragung.

Von einem Ziegelgewölbe soll von der Leibung ein Viertel der Gewölbedicke abgeschlagen werden. In Abb. 26 sind jeweils die

2 Über die vollkommen gelungene Verstärkung der Gewölbe der Berliner Stadtbahn durch Einpressen von Zementmörtel berichten Bierett und Grüning in der Bautechnik **12** 543 (1934).

Spannungen in einem vollen und einem geschwächten Querschnitt einander gegenübergestellt. Bei den oberen Spannungsbildern a, b und c ist angenommen, daß die Normalkraft N ihre absolute Lage im ganzen Gewölbe nicht verändert. Lag sie im alten Querschnitt mittig (Abb. a), dann steigt die Randspannung im geschwächten Querschnitt auf das 2,7fache. Lag die Normalkraft früher im oberen Kern (Abb. b), dann sinkt die Randspannung im geschwächten Querschnitt etwas (von 20 auf 17,8). Lag die Normalkraft früher

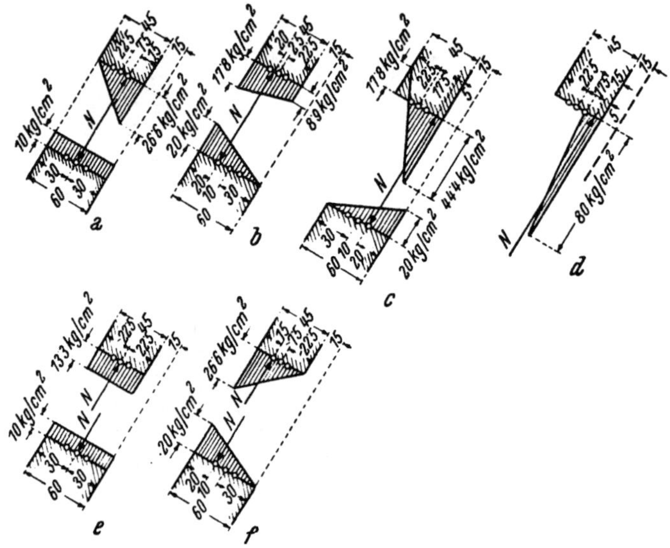

Abb. 26. Veränderung der Spannungen im Gewölbe durch Abschlagen der Leibung.

$N = 600$ kg/cm.

Querschnitt	F	W
voll	60 cm²	600 cm³
geschwächt	45 cm²	338 cm³

im unteren Kernpunkt (Bild c), dann ergibt sich im geschwächten Querschnitt die hohe Zugspannung von 17,8 kg/cm², und wenn man sich diese rechnungsmäßig ausgeschaltet denkt (Abb. d), dann ergibt sich eine für Ziegelmauerwerk viel zu hohe Druckspannung von 80 kg/cm².

Bei den unteren Bildern e und f der Abb. 26 ist angenommen, daß die Normalkraft N gewandert ist und im geschwächten Querschnitt dieselbe verhältnismäßige Lage annimmt, also mittig oder im oberen Kern. Die Randspannung wird in beiden Fällen um ein Drittel erhöht.

Die oberen Spannungsbilder a, b und c mit festliegender Normalkraft stellen den Fall vor, daß immer nur kleine Teile der Leibung abgeschlagen werden. Die unteren Bilder mit wandernder Normalkraft stellen den Fall vor, daß die ganze Leibung auf einmal abgeschlagen wird. In späterer Zeit weiß man aber nie, wie die Arbeiten durchgeführt worden sind.

Der Einbau des unteren Ringes bringt insbesondere dann neue Unklarheiten in die Spannungsverteilung, wenn er aus einem anderen Baustoff besteht als das alte Gewölbe. In dem Gewölbe der Abb. 24 ist die obere Hälfte aus Ziegeln geblieben, die untere durch Betonformsteine ersetzt worden. Die Bogenkraft aus Wärmewechsel beträgt

$$H_t = \frac{E \alpha t l}{\int y^2 \frac{ds}{J} + \int \frac{ds}{F}} = E \alpha tK.$$

Nach den Normen ist	E t/cm²	$10^6 \alpha$	$E \alpha 10^6$
für Ziegelmauerwerk in Zementmörtel	50	5	250
für Beton bei Berechnung der Formänderungen	210	10	2100

Die Bogenkraft aus Wärmewechsel ist somit für den harten Betonring 2100 : 250, d. i. mehr als achtmal größer als für den weichen Ziegelring. Die Scheitelbewegung aus Wärmewechsel beträgt[3]

$$\delta_t = - H_t \left(\int_0^{\frac{l}{2}} xy \frac{ds}{EJ} + \int_0^{\frac{l}{2}} \sin \varphi \cos \varphi \frac{ds}{EF} \right) + \alpha tf = \alpha tK_1.$$

Die Scheitelbewegung ist dem α geradlinig proportional, d. h. für den Betonring doppelt so groß wie für den Ziegelring. Der untere Betonring hat also im Winter das Bestreben, sich vom oberen Ziegelring abzulösen. Rechnet man dazu noch das Schwinden des Mörtels im unteren Ring, so wird dadurch die Erscheinung aufgeklärt, daß zunächst satt angemauerte untere Betonringe sich erst in viel späterer Zeit vom oberen Ziegelring ablösen.

Wiewohl diese Rechnung vollkommen unnachgiebige Widerlager voraussetzt, so kann man doch sagen, daß der Betonring schon bei Wärmewechsel infolge seiner größeren Bogenkraft und seiner stärkeren Scheitelbewegung wie ein Fremdkörper wirkt.

Wird ein Holzbalken der Länge nach in drei gleich hohe Teile aufgeschnitten (Abb. 27 a), so sinkt dadurch seine Tragfähigkeit auf den dritten Teil. Selbst wenn man nachträglich Dübel einsetzt, erreicht man doch nicht mehr sein ursprüngliches Tragvermögen. Für den Balken ist das Widerstandsmoment maßgebend. Seine Querkräfte sind sehr hoch.

Ein Gewölbe verhält sich ganz anders. Wird ein schon bestehendes Gewölbe in der Bogenachse der Länge nach aufgeschnitten

---

3 Schaechterle, Beitrag zur Berechnung der im Eisenbetonbau üblichen elastischen Bogen und Rahmen, S. 17, Ernst & Sohn, Berlin, 1914.

(Abb. 27 b), so wird dadurch die Tragfähigkeit in jenen Fällen nicht herabgesetzt, wo die Normalspannungen überwiegen, die Biegemomente klein sind und auch ein Ausknicken der einzelnen Ringe nicht in Frage kommt. Bei Gewölben sind die Querkräfte gewöhnlich klein, weshalb man ja bei Stahlbetongewölben im Gegensatz zum Balken meist keine Bügel braucht.

Wenn die beiden Ringe aber nacheinander hergestellt werden, so ist die Sache wieder anders. Macht man beim Bahnbau zuerst den unteren Ring, dann wird er zwar durch die ständige Last des Bauwerkes mehr beansprucht als der obere Ring, aber beide Ringe beteiligen sich an der Aufnahme der ständigen und der Verkehrslast.

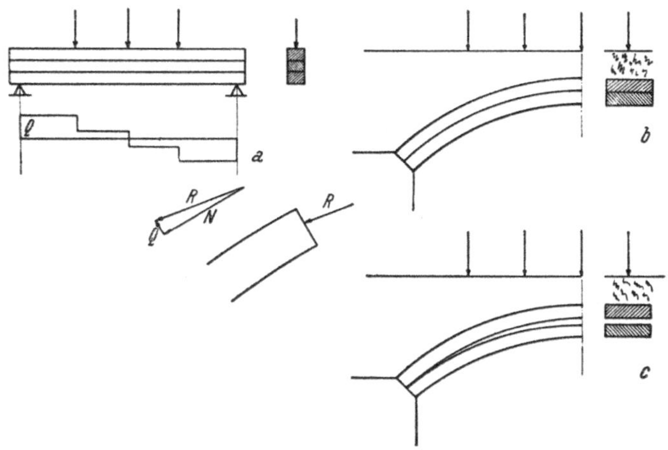

Abb. 27.

Wird aber der untere Ring nachträglich hineingebaut, dann bekommt er von der ständigen Last des schon bestehenden Bauwerkes nichts, diese muß ganz vom oberen Ring aufgenommen werden. Ob sich der untere Ring an der Aufnahme der Verkehrslast beteiligen kann, das hängt ganz davon ab, ob er satt an den oberen Ring angemauert ist. Ist das nicht der Fall oder ist er nachträglich abgesunken (Abb. 27 c), dann muß sich der obere Ring erst so lange durchbiegen, bis er auf dem unteren Ring aufliegt, und dann erst beginnt der untere mitzutragen.

Da die Viertelpunkte des oberen Ringes sich unter der Verkehrslast nicht nur senken, sondern auch heben, so haben sie die Neigung, sich vom unteren Ring abzulösen.

Besteht der untere, nachträglich eingebaute Ring aus Beton, der obere Ring aus Ziegeln und ist die Fuge zwischen beiden etwa durch Zementeinpressen gut geschlossen, dann drückt der Betonring im Sommer von unten auf den Ziegelring und übernimmt auch während dieser Zeit einen Teil der ständigen Last des alten Bauwerkes.

Der nachträglich eingebaute untere Ring müßte, ähnlich wie im Abschn. 3 a für Pfeiler beschrieben, mit dem darüberliegenden alten Ring gut verbunden werden. Das ist bei der ersten Gewölbeverstärkung der Brücke über den Unteren Adlitzgraben im Jahre

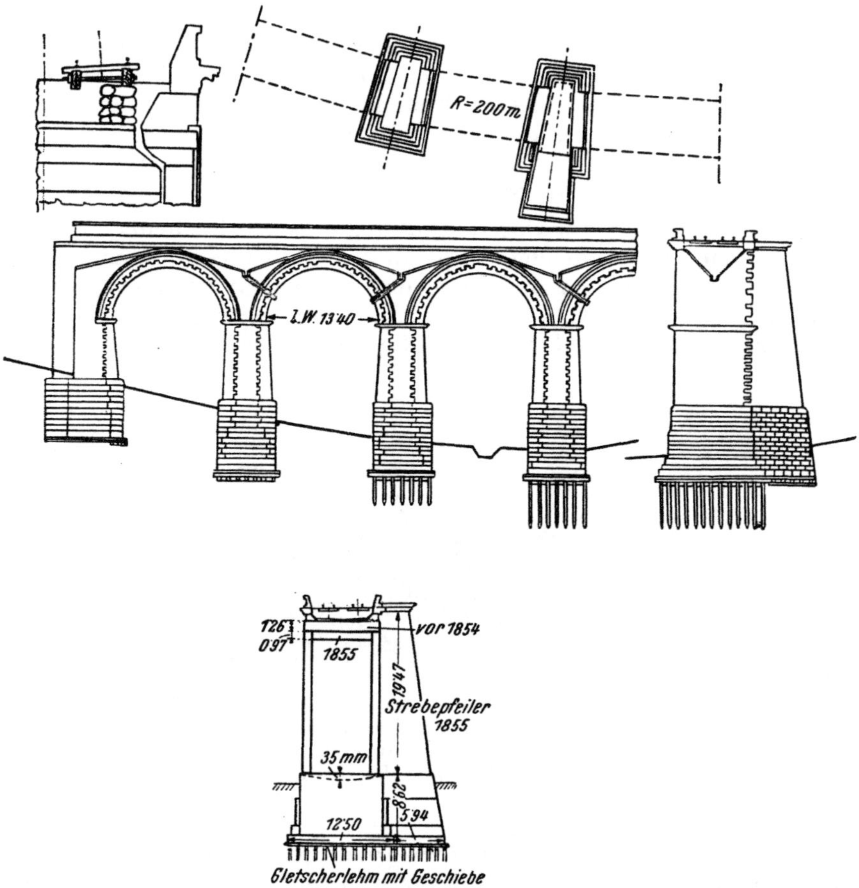

Abb. 28. Verstärkung der Brücke über den Unteren Adlitzgraben (vgl. Abb. 18, 77, 99). Die nachträglich eingebauten unteren Gewölberinge aus Ziegeln wurden mit den darüberliegenden Ringen gut verzahnt. Der schwere Pfeiler hat sich in der Mitte stärker in den Boden eingepreßt als an den Rändern (35 mm beim Sockel).

1855 durch eine Verzahnung der Ziegel geschehen (Abb. 28 und Abschn. 14 e). Diese Arbeit war sicherlich sehr mühsam, aber sie hat ihren Zweck erfüllt, die allerdings aus gleichen Baustoffen bestehenden Ringe haben sich nicht voneinander getrennt. Bei den Schalenverkleidungen der neueren Zeit hat man für eine solche Notwendigkeit kein Gefühl mehr gehabt. Heute kann man sich, wie erwähnt, in einfacher Weise durch Einpressen von Zementmörtel in die Fugen helfen.

Zusammenfassend kann gesagt werden, daß nachträglich eingebaute Gewölberinge den Spannungsverlauf äußerst unklar machen. Die Störungen sind viel größer als bei den Verkleidungen von Pfeilern (Abschn. 3 a), weil das Verhältnis zwischen neu eingebauter Fläche und alter Restfläche bei den Gewölben viel ungünstiger ist. Eine Nachrechnung etwa derart, daß man die Verkehrslast einfach ganz dem unteren Ring zuweist, ergibt bei unbewehrtem Beton in der Regel ganz unzulässige Zugspannungen.

c) Betriebssicherheit.

Ungeachtet aller unklaren und ungünstigen Rechenergebnisse sind jedoch die Erfahrungen mit dieser Bauweise durchaus günstig. Es sind große Talübergänge mit Öffnungen bis 20 m derart behandelt worden (Abb. 28 und 53). Trotz weitgehender Verformungen (Abb. 99) sind Schäden, die zu Betriebsstörungen Anlaß

Abb. 29. Der nachträglich eingebaute untere Gewölbering ist frühzeitig schadhaft geworden (mehrere Ziegel sind aus der Leibung heruntergesunken). Die darüberliegenden Teile sind gut. Der Durchlaß wurde mit unverminderter Geschwindigkeit befahren.

gegeben hätten, nicht bekanntgeworden. Die Verformungen der Gewölbe oder das Ablösen des unteren Gewölberinges werden in der Regel gar nicht bemerkt. Sind Leibung und Stirnwand gemeinsam verkleidet worden, dann ist das Absinken des untersten Gewölberinges nur schwer festzustellen.

Der Grund für dieses günstige Verhalten liegt darin, daß kleine Gewölbe gewöhnlich überstark sind und daß alle Gewölbe aus alter Zeit eine kräftige Hintermauerung haben, die, selbst wenn sie nur aus minderem Mauerwerk besteht, die Verkehrslast verteilt, das Gewölbe versteift und zusammen mit Gewölbe und Stirnmauer einen einheitlich tragenden Körper bildet.

Die im Abschn. 3 d bemängelten Nachteile der Schalenbauweise bestehen selbstverständlich auch hier. Der Zustand des

Durchlasses in Abb. 29 sieht zunächst beunruhigend aus. Wenn aber aus einem Gewölbe so viele Steine heruntersinken können, so ist das ein Zeichen, daß im Gewölbe kein großer Druck herrscht. Es handelt sich also um einen nachträglich eingesetzten Ring. Wahrscheinlich infolge des beengten Raumes ist schlecht gearbeitet worden. Daher sind die Ziegel durch die Erschütterungen des Zugsverkehrs losgerüttelt worden. Die Abbildung besagt gar nichts über den wahren Zustand der eigentlich tragenden Teile, das sind oberer Gewölbering und Hintermauerung. Und diese waren gut, weil das Bauwerk durch Jahre mit unverminderter Geschwindigkeit befahren worden ist.

6. Abtrennen der Flügel.

Eine seit altersher bekannte Erscheinung, besonders bei offenen Brücken mit Gleitlagern, ist das Abreißen der Flügel (Abb. 30). Die Ursache ist, daß das Widerlager *W* und die Flügel *F* verschieden belastet sind.

Waagrechte Kräfte: Die vom Stahltragwerk kommenden Kräfte verdrehen das Widerlager gegen die Brückenmitte, daher Zugbeanspruchung bei *a*. Der Erddruck wirkt auf das Widerlager in der

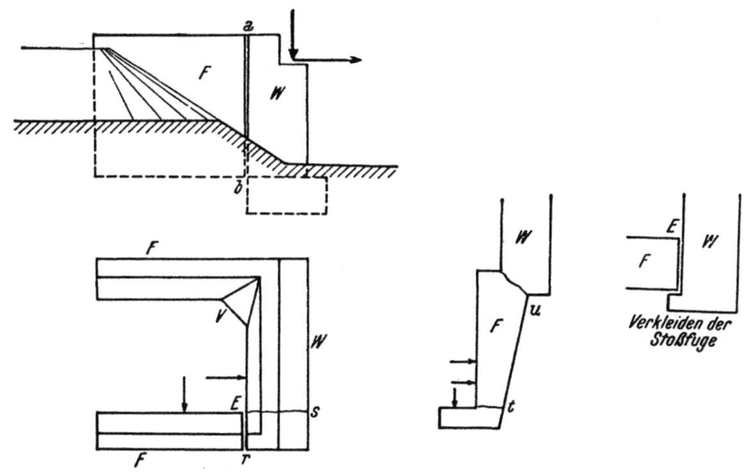

Abb. 30. Abtrennen der Flügel und Verkleiden der Stoßfuge.

gleichen Richtung, auf den Parallelflügel aber senkrecht dazu. Das Eck *E* wird auseinandergezogen. Besonders ungünstig wirken sich alte Stahltragwerke mit den unvollkommenen Gleitlagern aus.

Lotrechte Kräfte: Der lotrechte Auflagerdruck des Tragwerkes wirkt der Hauptsache nach nur auf das Widerlager *W*. Sehr häufig sind die Flügel seichter gegründet als das Widerlager; bestehen beide aus einem Stück, dann entsteht in dem einspringenden Eck Zugbeanspruchung bei *b*.

Ein Gewölbe drückt das Widerlager gegen die Flügel, daher sind die Parallelflügel bei gewölbten Brücken viel seltener abgerissen.

Die Risse entstehen gewöhnlich bei *r*, seltener bei *s* (weil die Fläche größer ist) oder bei *t* (Erddruck schon sehr klein).

Abtrennungen der Böschungsflügel bei *u* sind selten, weil der Erddruck auf *W* und *F* in der gleichen Richtung wirkt und die Flügel die Widerlagerverdrehungen mitmachen können, die sich aus den waagrechten Kräften ergeben.

Abb. 31 a.

Abb. 31 b.

Abb. 31 a und b. Abtrennung beider Parallelflügel von einem und demselben Widerlager. Gewöhnliche Art der Rißbildung.

Man hat den gefährdeten Übergang *V* vom Flügel zum Widerlager schon frühzeitig kräftig verstärkt. Im Betonbau wird dadurch die Schalung verwickelt, weshalb man bei *E* eine Fuge vorsieht. Der Flügel stößt dann stumpf gegen das Widerlager. Leider sind die Architekten mit dieser recht einfachen Lösung manchmal nicht einverstanden, die Fuge muß verkleidet werden (vgl. Abbildung).

Abb. 31 zeigt die übliche Abtrennung des Parallelflügels bei einem altartigen Stahltragwerk mit Flächenlagerung.

Abb. 32 zeigt die Rißbildung im Widerlager. Der Flügel hat sich infolge des Erddrucks nach außen gedreht, wie es bei Stützmauern üblich ist. Daher ist der Riß oben breiter. Er wäre vielleicht an dieser Stelle nicht entstanden, wenn das Tragwerk nicht ausgebaut worden wäre, denn es hätte das Mauerwerk zusammengehalten. Das Zyklopenmauerwerk leistet gegen waagrechte Kräfte weniger Widerstand.

Abtrennungen kleiner Winkelflügel wie in Abb. 33 sind selten.

Betriebssicherheit: Wenn die Flügelabtrennungen keine anderen Ursachen haben als die hier angegebenen, dann sind

Abb. 32.

Abb. 33.

Abb. 32. Bei der Abtrennung des Parallelflügels ist der Riß ausnahmsweise im Widerlager selbst entstanden. Stillgelegte Brücke, Tragwerk ausgebaut.

Abb. 33. Abtrennen des Winkelflügels beim Böschungsflügel.

sie selbstverständlich ganz ungefährlich. Die Natur hat nur das nachgeholt, was die Entwurfsverfasser versäumt haben. Sie hat die fehlenden Fugen nachträglich selbst hergestellt.

7. Gründung auf Holz.

Die ältesten, von Wien ausgehenden Bahnen sind die Nordbahn und die Südbahn (Baubeginn 1836 und 1839). Dort wurden alle gewölbten oder offenen Brücken auf Pfahlroste, Balkenroste oder zumindest auf einen einfachen Bohlenbelag gestellt (Abb. 34), und zwar anscheinend ganz gleichgültig, ob sie im Grundwasser lagen oder nicht. Vielfach ist auch der Grundwasserstand nachträglich gesunken. Jedenfalls ist das Holz sehr häufig ganz verrottet, daher müssen sich die Bauwerke gesenkt haben.

Es ist zunächst daran festzuhalten, daß ein Bauwerk durch gleichmäßige Setzungen keinen Schaden erleidet. Risse treten nur bei ungleichmäßigen Setzungen auf, wenn nämlich das Holz nicht gleichmäßig verrottet ist.

Sodann darf nicht übersehen werden, daß das Maß der Setzung höchstens die Dicke des Bohlenbelages erreichen kann. Denn bei einem Balken- oder Pfahlrost sind ja die Zwischenräume zwischen den Balken mit Steinen ausgezwickt, auf denen jetzt das Bauwerk

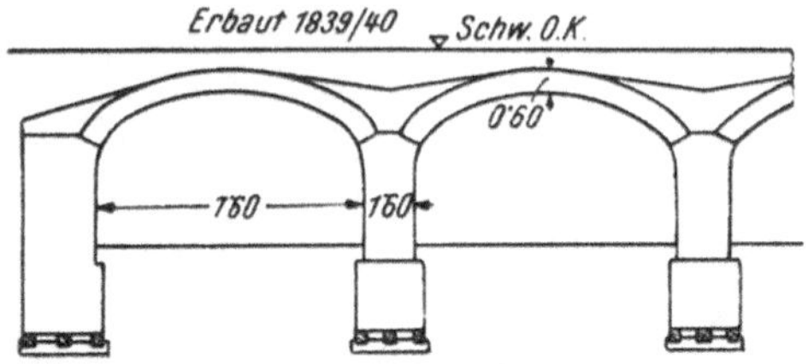

Abb. 34. Vor 100 Jahren allgemein übliche Gründung der Brücken auf Holz. Jetzt kein Grundwasser, Holz verrottet (Badener Brücke, vgl. Abb. 35 und 76).

aufruht. Der dem früheren Balken entsprechende Hohlraum wird vom alten Mauerwerk überbrückt. Als die in Abb. 34 dargestellten Pfeiler der Badener Brücke nach 80jährigem Bestand abgetragen wurden, waren die Reste der Holzbalken selbstverständlich nicht zerdrückt (Abb. 35).

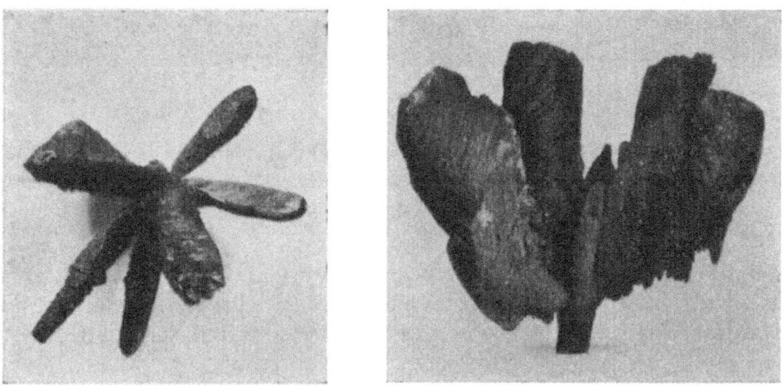

Abb. 35. Rest eines Balkens aus dem in Abb. 34 dargestellten Rost. Astwirtel von oben und von der Seite.

Außergewöhnlich große Hohlräume wurden unter einer um 1300 erbauten Außenmauer des Mainzer Domes festgestellt (Abb. 36). Das aufgehende Mauerwerk war zerrissen. Die Pfeiler sind 13 m hoch, die Gewölbekämpfer hatten sich bis zu 34 cm nach außen verschoben. Bei den Unterfangungsarbeiten[4] fand man etwa 1,50 m lange Spickpfähle, die den festen Grund nicht erreichten.

[4] Rüth, Sicherungsarbeiten am Mainzer Dom. Im Selbstverlag der Portlandzementfabrik Dyckerhoff & Söhne G. m. b. H., Amöneburg bei Biebrich am Rhein (ohne Jahreszahl).

Das Grundwasser war durch die Rheinregelung und durch die Kanalisation der Stadt bis zu 3,5 m gesenkt worden, die Pfähle verfaulten, der Untergrund sackte in sich zusammen. Er hatte sich unter der Mauer bis zu 30 cm gesenkt. Die Mauer lag stellenweise auf ihrer ganzen Breite von 3,15 m hohl und zwar auf eine Länge

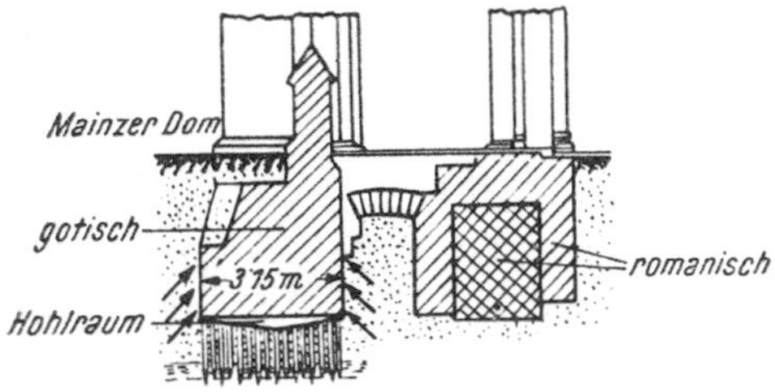

Abb. 36. Hohlraum unter der Außenmauer des Mainzer Domes infolge Senkung des Grundwassers (nach Rüth).

von 60 m. Rüth fand die Möglichkeit, hier noch von einem Gleichgewichtszustande zu sprechen, nur in der Heranziehung der Reibung zwischen der rauhen Mauer und dem wahrscheinlich angeschütteten Boden. Ein solcher Zustand ist nur bei einem Hochbau möglich. Bei einer Brücke ist er nicht denkbar wegen der Erschütterungen durch die Verkehrslast.

8. Örtliche Überbeanspruchung in Pfeilern.

a) Versuche.

Wenn man einen Steinwürfel in der Druckpresse zusammendrückt, so springen die Seitenwände schräg ab und es bleibt ein hyperboloidartiger Körper zurück (Abb. 37 a). Die Erklärung ist recht einfach. Wird ein Körper zusammengepreßt, so muß er breiter werden. Das geht ohne weiteres bei plastischen Stoffen, wie Blei oder Kupfer. Stein läßt sich aber nicht derart verformen. Er hat eine geringe Zugfestigkeit. Die mittleren Teile sollen nach der Seite ausweichen. Die an den beiden Druckplatten anliegenden Teile werden durch die Reibung festgehalten und können der Seitenbewegung nicht folgen. Daher werden die Seitenflächen abgeschert. Als Föppl die Druckflächen schmierte, wurden die oberen und unteren Teile an der Seitenbewegung nicht gehindert, der Probekörper wurde durch lotrechte Risse zerspalten. Die Versuchsanordnung mit ungeschmierten Flächen gibt also ein ganz falsches Bild.

Im Jahre 1898 hat der Österreichische Ingenieur- und Architekten-Verein Druckversuche mit Mauerwerkskörpern gemacht[5].

[5] ZÖIAV 54 (1901), Beilage. Ganz ähnliche Risse ergaben sich an den von Schmerber und Doldt beschriebenen Versuchskörpern, Bautechnik 17, S. 559 (1939).

Nach der Theorie hatte man auf der Zugseite ein Öffnen der Fugen und auf der Druckseite eine Zerstörung etwa nach Abb. 37 b erwartet. Die Fugen öffneten sich aber nur ausnahmsweise in einem Fall. Der belastete Teil spaltete sich vom unbelasteten ab (Abb. 37 c), so daß im weiteren Verlauf nur mehr mittig belastete Probekörper vorhanden waren. Ist nun unsere Theorie falsch? Nein, sondern auch diese Versuchsanordnung war schlecht. Das Druckhaupt der Maschine hätte sich über die ganze Oberfläche des Versuchskörpers erstrekken müssen.

Die mittig belasteten Versuchskörper des ÖIAV spalteten sich in einzelne Säulen auf. Es ist immer die gleiche Erscheinung. Es fehlt an der Zugfestigkeit senkrecht zur Kraftrichtung, ein Mangel, den wir beim Stahlbeton leicht beheben können und beheben müssen.

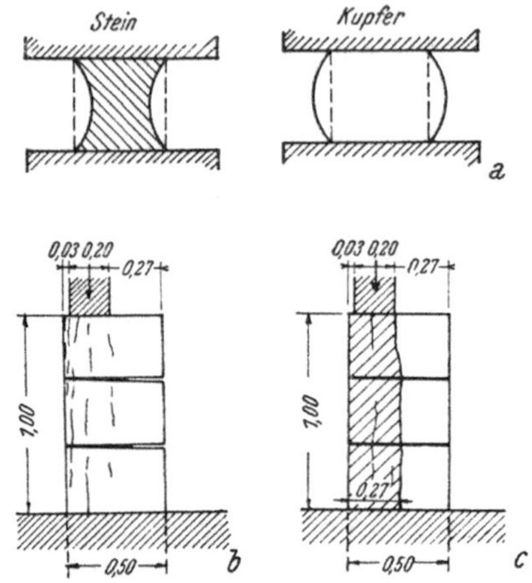

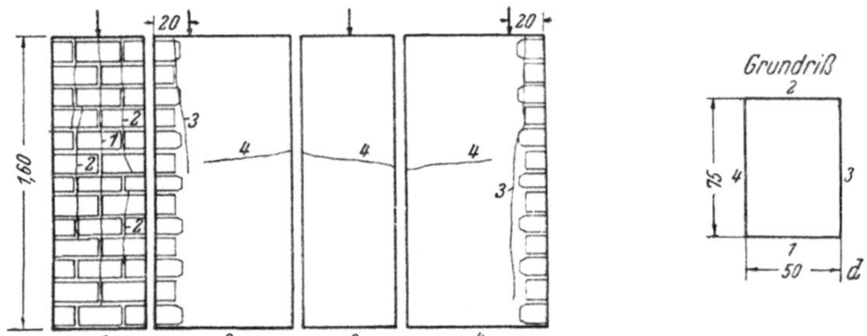

Abb. 37. Versuche mit Druckkörpern:
a Erprobung von Stein- und Metallwürfeln; *b*, *c* Versuche des ÖIAV. mit Mauerwerk auf einseitigen Druck. Erwartetes Verhalten *b* und wirkliche Rißbildung *c*; *d* Versuche von Gaber mit verkleideten Betonkörpern auf einseitigen Druck.

Gaber machte 1930 Versuche mit Betonkörpern, die vorn mit Sandstein verkleidet waren[6]. Sie wurden auch auf einseitigen Druck beansprucht. Das Querhaupt der Maschine erfaßte aber die ganze obere Fläche. Daher traten auch hier auf der Hinterseite Zugrisse auf (Abb. 37 d), so wie es unsere Theorie angibt. Die

6 Gaber, Beton und Eisen 29, S. 300 (1930).

Druckseite wurde wieder in Säulen aufgespalten. Auch hier kommen die verschiedenen Eigenschaften der Schale und des Kerns zum Ausdruck (vgl. Abschn. 3 a), die Schale hat sich schließlich abgetrennt.

Zusammenfassend kann gesagt werden: Bruchbilder nach Abb. 37 a, links, kommen in der Natur nicht vor. Hingegen ist Rißbildung nach Abb. 37 c eine ganz gewöhnliche Erscheinung bei alten Pfeilern und Widerlagern. Abb. 37 d endlich entspricht unserer Theorie und neuem Mauerwerk.

b) Beobachtungen.

In altem Mauerwerk entsteht ungleichmäßige Druckverteilung dadurch, daß im Inneren der Pfeiler und Widerlager häufig ein minderwertiges Mauerwerk vorhanden ist, daß der Mörtel aus-

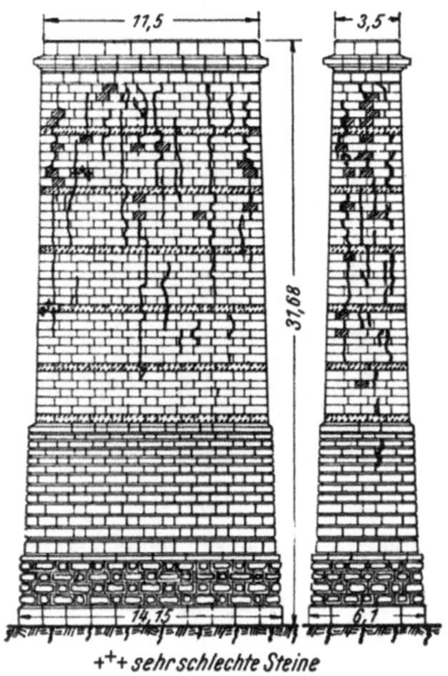

Abb. 38.

Abb. 39.

Abb. 38. Aufspalten des Pfeilermauerwerkes einer Stahlbrücke (aus Bautechnik 1927).

Abb. 39. Risse in Fortsetzung der Fugen *F*.

gelaugt und verwittert ist. Wenn ein Quader in den Stoßfugen keinen Verband mehr mit den Nachbarsteinen hat, kann es vorkommen, daß er stärker auf seine Unterlage drückt. Der untere Quader wird dann entsprechend Abb. 37 c einseitig gedrückt und aufgespalten, besonders wenn er etwa auch noch hohl liegt. Diese

Erscheinung sieht man sehr deutlich bei losgerüttelten Auflagerquadern von Stahlbrücken.

Abb. 38 zeigt den Pfeiler einer zweigleisigen Stahlbrücke[7] mit sehr vielen Rissen, wie sie den Versuchen der Abb. 37 entsprechen. Die Risse sind im Pfeilerkopf am dichtesten, nach unten nimmt ihre Zahl ab. Das erklärt sich daraus, daß im Pfeilerkopf

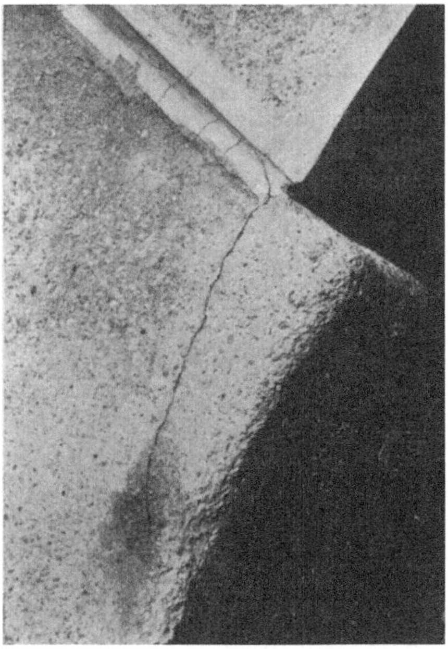

Abb. 40.

Abb. 41.

Abb. 40. Abdrücken der Verbreiterung eines unbewehrten Betonkämpfers. Wasserfleck am Ende des Risses (Leopoldau, vgl. Abb. 60 und 61).

Abb. 41. Abspalten der unbelasteten Pfeilerverbreiterung in altem Ziegelmauerwerk (Höllgraben, vgl. Abb. 13).

Einzellasten angreifen, die sich nach unten zu immer gleichmäßiger über den ganzen Querschnitt verteilen. Außerdem ist es eine bekannte und ganz natürliche Erscheinung, daß der Mörtel im oberen Teil der Pfeiler am meisten verwittert ist, weil eben der Regen von oben kommt. Wegen des Mörtelmangels wird es immer Quadern geben, die stärker auf ihre Unterlage drücken als die Nachbarquadern.

Abb. 39 zeigt den Pfeiler der 1854 vollendeten gewölbten Fröschnitzbrücke. Er ist nur außen mit Quadern verkleidet, innen

[7] Muy, Bautechnik 5, 657 (1927).

ist minderes Bruchsteinmauerwerk. Kennzeichnend ist auch hier die Rißbildung in Fortsetzung der Fugen.

Das Aufspalten von Bauwerksteilen, die nicht unter vollkommen gleichem Druck stehen, ist selbstverständlich nicht auf altes Mauerwerk beschränkt. Abb. 40 zeigt einen Kämpfer der in den Abb. 60 und 61 dargestellten, im Jahre 1917 erbauten Gewölbereihe bei Leopoldau. Der Entwerfer hat den Gewölbeanlauf absichtlich gegen den Kämpfer zurückgesetzt, um eine bessere Druckverteilung zu erreichen, damit der Rand des Kämpfers nicht abgedrückt werde. Er hat aber im Kämpfer keine Querbewehrung angeordnet. So konnte bei einigen Kämpfern, wie bei den Versuchen nach Abb. 37 c, im Beton ein Spalt entstehen, und da in einen solchen Spalt natürlich sofort das Wasser eindringt — man sieht den Wasserfleck —, ist ein vollkommenes Absprengen durch Frost zu erwarten.

Abb. 41 zeigt dieselbe Erscheinung an dem Ziegelmauerwerk der im Jahre 1854 vollendeten Brücke über den Höllgraben. Der Pfeiler hat einen Absatz. Erst die tiefer liegenden Teile der Verbreiterung beteiligen sich an der Druckübertragung. Der obere unbelastete Pfeilervorsprung ist abgedrückt, welcher Vorgang durch die Verwitterung der Ziegel begünstigt worden ist.

c) Betriebssicherheit.

Man sieht die gleichen Risse bei den im Betrieb befindlichen Pfeilern und bei den Probekörpern im Versuchsraum. Daraus darf man aber nicht schließen, daß der Brückenpfeiler kurz vor dem Zusammenbruch steht. Bei den Probekörpern nach Abb. 37 c haben sich die ersten Risse bei mindestens 160, aber auch erst bei 470 kg/cm² gezeigt, Bruch und Zerfall ist erst bei 250 und 580 kg/cm² eingetreten. Bei den Brückenpfeilern beträgt die durchschnittliche Beanspruchung vielleicht 20 bis 30 kg/cm², also nur einen Bruchteil der früher angegebenen Rißlasten. Hierzu kommt, daß bei den schweren Pfeilern, besonders aber bei den Gewölbpfeilern hoher Talübergänge, die Verkehrslast nur mehr eine untergeordnete Rolle spielt. Es kann sich also bei den Brückenpfeilern nur um örtliche Überbeanspruchungen handeln, durch die die Steine gespalten werden. Ist einmal ein solcher Riß eingetreten, dann ist der drückende Quader vielleicht etwas eingesunken und damit hat er sich schon entlastet, der Nachbarstein wird mehr herangezogen. Es hat sich ein neuer Druckverteilungszustand herausgebildet und damit ist die örtliche Überbeanspruchung wenigstens zum Teil behoben. Daher kommt es, daß solche Längsrisse jahrzehntelang unverändert bleiben können.

Man kann also sagen, daß einige solche Risse noch lange keine Gefahr bedeuten, man muß sie nur beobachten. Erst wenn immer neue Risse hinzukommen, muß man Abhilfe schaffen. Bei altem

Bruchstein- oder Quadermauerwerk geht das heute sehr leicht durch Einpressen von Zementmörtel, wodurch dem Mauerwerk der fehlende Verband zurückgegeben wird.

Rißbildungen wie in Abb. 40 und 41 haben selbstverständlich für die Sicherheit des Bauwerkes überhaupt keine Bedeutung. Die Natur hat gewissermaßen alles abgedrückt, was zum Mittragen nicht unbedingt notwendig ist.

9. Einwirkung des Baugrundes auf die Pfeiler.

Wir nehmen immer an, daß ein mittig belastetes Bauwerk einen gleichmäßigen Bodendruck hervorruft (Abb. 42 a). In Wirklichkeit hängt die Verteilung des Bodendruckes selbst für diesen einfachen Belastungsfall sowohl von der Beschaffenheit des Untergrundes

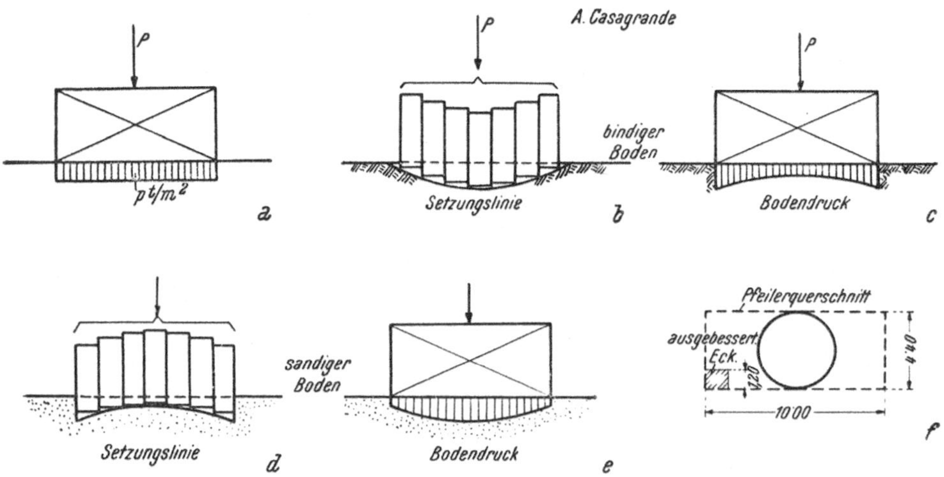

Abb. 42. Wechselwirkung zwischen Bauwerk und Baugrund: *a* gewöhnliche Annahme der Druckverteilung; *b* und *d* Setzungen von Bauwerken geringer Steifigkeit; *c* und *e* Bodendruck unter sehr steifen Bauwerken.

als auch von der des Bauwerkes ab. Es wirkt nicht nur das Bauwerk auf den Untergrund, sondern umgekehrt auch der Untergrund auf das Bauwerk. Beim Untergrund unterscheidet man zwei Hauptbodenarten, nämlich die sandigen und die bindigen Böden (hauptsächlich Ton, Lehm u. ä.). Beim Bauwerk ist zu unterscheiden, ob es eine sehr große oder sehr geringe Steifigkeit besitzt.

Bauwerke geringer Steifigkeit sind zum Beispiel langgestreckte, niedrige und leichte Hochbauten. Hingegen haben die Widerlager und Pfeiler von Brücken gewöhnlich eine große Steifigkeit.

Beim bindigen Boden sinkt ein Bauwerk ohne Steifigkeit in der Mitte stärker ein (Abb. 42 b). Daher muß unter einem vollkommen starren Bauwerk an den Rändern der größte Bodenwiderstand auftreten (Abb. 42 c). Beim sandigen Boden ist es gerade umgekehrt; bei einem Bauwerk ohne Steifigkeit sinken die Ränder mehr ein als die Mitte (Abb. 42 d); daher muß bei einem vollkommen starren Bauwerk der Bodenwiderstand an den Rändern am kleinsten sein (Abb. 42 e).

Es ist nicht gleichgültig, in welcher Tiefe die Baugrundsohle liegt. Sandige Böden weichen bei einem an der Oberfläche liegenden Versuchskörper nach der Seite aus. Daher ist hier an den Rändern der Bodenwiderstand geringer. Liegt aber die Baugrundsohle in größerer Tiefe, dann kann der Sand nicht seitlich ausweichen, die Druckverteilungslinie nähert sich dem Rechteck, ja sogar der Druckverteilungslinie für bindige Böden.

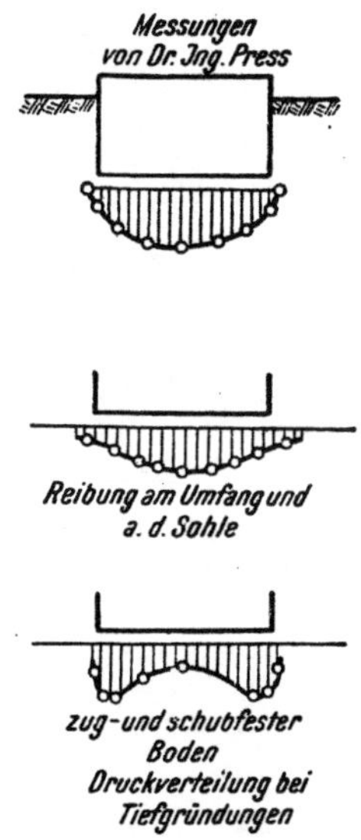

Abb. 43. Verteilung des Bodendruckes nach Preß.

Wenn auch noch nicht alle Fragen restlos geklärt sind, so zeigen doch die bisherigen Untersuchungen und Messungen im großen und ganzen Übereinstimmung (Abb. 42 und 43)[8]. Beobachtungen an Bauwerken bestätigen dies. Abb. 28 zeigt einen im Jahre 1854 auf Gletscherlehm mit Geschiebe fertiggestellten, sehr hohen Ziegelpfeiler, der 1855 verstärkt wurde. An dem 1855 zugebauten Sockel wurde im Jahre 1937 gemessen, daß sich die Pfeilermitte um 35 mm mehr gesenkt hat als die Pfeilerränder (untere Abbildung). Also selbst ein so hoher, schwerer Pfeiler ist kein absolut starres Gebilde. An den Rändern muß hier ein höherer Bodendruck herrschen als in der Mitte.

Diese Erscheinung kann bei Ausbesserungsarbeiten zu Rißbildung Veranlassung geben. Es ist anzunehmen, daß bei langen, schmalen Pfeilerquerschnitten (vgl. Abb. 15 und 42 f) die Druckunterschiede zwischen Pfeilermitte und Pfeilerrändern noch größer sind als bei den Versuchskörpern mit Kreisquerschnitten.

Bei dem langen Talübergang bei Mattersburg (Abb. 44 bis 46) aus dem Jahre 1847 bestehen die Pfeiler außen aus Ziegeln, innen aus einem minderwertigen Bruchsteinmauerwerk mit sehr kalkarmem Mörtel. Wenn früher Verwitterungsschäden zu beheben waren, hat man die Verkleidungsziegel wieder mit einem weichen Kalkmörtel versetzt. 1928 wurde ein schadhaftes Pfeilereck wieder

[8] Terzaghi, Die Setzung der Fundierung und ihre Wirkung auf den Oberbau. De Ingenieur, 's Gravenhage (Belinfante), 50. Jg., H. 50 und 51, 1935. — Kögler-Scheidig, Baugrund und Bauwerk. S. 99 und 120. Ernst & Sohn, Berlin, 1938. — Preß, Der Boden als Baugrund. S. 44. Ernst & Sohn, Berlin, 1939. (Mitteilungen aus dem Gebiet des Wasserbaues und der Baugrundforschung, Bd. 9.)

Abb. 44.

Abb. 45.

Abb. 44. Beginn der Abtrennung des ausgebesserten Pfeilerecks.
Abb. 45. Späterer Zustand des in Abb. 44 dargestellten Pfeilers.

Abb. 46. Einzelheit zu Abb. 45.

ersetzt (Abb. 42 f), aber, wie es jetzt allgemein üblich ist, durch Ziegel in Portlandzementmörtel, unter dem Gelände sogar durch Beton. Schon 1931 wurden lotrechte Risse festgestellt (Abb. 44), und als sie sich verbreiterten, wurden sie 1933 durch Winkeleisen gesichert (Abb. 45), damit sich das Mauerwerk nicht weiter ausbauchen kann. Eine solche Sicherung erfüllt ihren Zweck nicht, weil sie dauernd überwacht werden müßte, denn die Schließen sitzen zwar im Winter stramm, im Sommer hängen sie aber schlaff herunter.

Der Talübergang steht auf einer starken Tegelschicht. Das gibt höheren Bodendruck an den Rändern des Pfeilers nach Abb. 42 c. Hiezu kommt noch die Mehrbeanspruchung des Ecks durch Verkehrslast und Wärmewechsel infolge der verschiedenen Längenänderungen vom neuen Eck und alten Pfeiler, wie in Abschn. 3 a beschrieben. Beides zusammen verursachte das Losdrücken des Ecks, obwohl es in den Pfeiler gut eingebunden war, und dann sein Aufspalten durch Parallelrisse infolge örtlicher Überbeanspruchung (vgl. Abschn. 8).

Die Betriebssicherheit ist durch das schadhafte Eck selbstverständlich nicht gefährdet, dazu ist die Querschnittsfläche des Ecks im Verhältnis zu der des ganzen Pfeilers viel zu klein (vgl. Abschn. 3 c und Abb. 42 f).

Ein Gegenbeispiel zeigt Abb. 14. Die in Betonformsteinen erneuerten Pfeilerecken lassen an den Sichtflächen keine besondere Einbindung erkennen. Die Ecken haben sich nicht abgetrennt. Der Pfeiler steht aber auch auf Fels und nicht auf Tegel, es gilt Abb. 42 a; außerdem ist die ständige Last sehr groß, die Verkehrslast von geringem Einfluß.

10. Einige Alterserscheinungen an Pfeilern und Widerlagern.

Bei älteren Bahnbauten wurde auch für Brücken gewöhnlicher Kalkmörtel verwendet, die lotrechten Flächen der Bauwerke wurden gegen das Erdreich nicht abgedeckt. Der Mörtel ist durch die

Abb. 47. Vorgebauchter Böschungsflügel eines Durchlasses (von Gleishöhe gesehen). Ein neuer Flügel aus Beton davorgesetzt.

Feuchtigkeit ausgelaugt und verwittert, seine Bindekraft ist häufig sehr gesunken. Das Mauerwerk leistet nur mehr geringen Widerstand gegen Biegung. Es kommt auch vor, daß schon beim Bahnbau, entgegen dem Bauvertrag, mit Bindemittel gespart worden ist.

Der in Abb. 47 dargestellte Böschungsflügel eines Durchlasses hatte sich infolge Mörtelarmut stark vorgebaucht. Wenn die Verfugung des Mauerwerkes instand gehalten worden ist, dann sieht man nicht einmal Risse, und es ist schwer zu sagen, ob ein Zusammenbruch schon bevorsteht. Jedoch kann ein solcher ausgebauchter Flügel noch sehr lange stehen. Im Falle der Abb. 47 mußte in

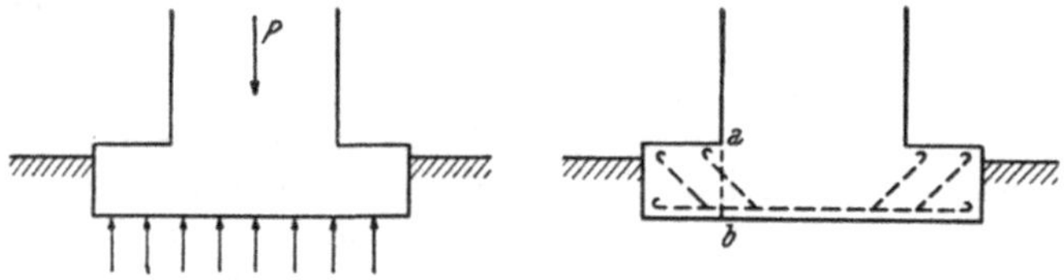

Abb. 48. Pfeilervorköpfe werden auf Biegung beansprucht.

Gleishöhe der Oberbauschotter nachgefüllt werden, also ein Zeichen, daß im Erdreich schon Setzungen vor sich gingen. Man entschloß sich zu einer Sicherung des Flügels. Es ist üblich, den alten Flügel abzutragen und durch einen neuen zu ersetzen. Das ist aber ein ganz unzweckmäßiges Verfahren, weil man eine schwere Pölzung und eine Hilfsbrücke einbauen und langsam fahren muß. Daher wurde der neue Flügel einfach vor den alten gesetzt. Das ist viel wirtschaftlicher und geht ohne jede Betriebsstörung vor sich.

Abb. 49. Rißbildung in einem auf Biegung beanspruchten Pfeilervorkopf (Schwarzabrücke, vgl. Abb. 14 und 53).

Pfeilervorköpfe werden durch den Widerstand des Baugrundes nach oben gedrückt (Abb. 48), d. h., auf Biegung beansprucht. Wird der Vorkopf aus Beton hergestellt, so muß bei größerer Ausladung nicht nur der Querschnitt *a b* durch waagrechte Einlagen gegen Biegung gesichert werden, sondern auch der ganze Vorkopf durch schräge Einlagen gegen Abscheren. Das alte, unbewehrte Mauerwerk ist dieser Schubspannung nicht mehr gewachsen (Abb. 49), daher die Rißbildung. Man kann auch sagen, daß, ähnlich wie in Abb. 41, die Druckübertragung sich nur allmählich nach unten

Abb. 50. Die wasserdichte Abdeckung ist schadhaft, der Kalk wird aus den Fugen herausgespült und an der Leibung des Quadergewölbes abgesetzt.

vollzieht. Was über diese Linie hinaus liegt, wird abgeschert. Gefährlich sind solche Risse selbstverständlich nicht.

Von Verwitterung abgesehen, sind andere Alterserscheinungen dargestellt in den Abb. 39, 41, 53, 56, 76, 78 und 95.

11. Scheitelsenkungen der Gewölbe infolge Mörtelarmut.

Scheitelsenkungen von Gewölben sind gar nicht selten. Gewöhnlich wird dabei an ein Nachgeben der Widerlager gedacht. Man müßte es durch Nachmessen der Lichtweite feststellen. In Wirklichkeit verdrehen oder verschieben sich die Widerlager wahrscheinlich nur selten nach außen. Es treten nämlich auch bei Talübergängen mit mehreren Öffnungen Scheitelsenkungen auf, und zwar in allen Feldern ziemlich gleichmäßig, d. h. die Pfeiler verdrehen sich gar nicht. Bei mehreren Öffnungen ist ohne weiteres einzusehen, daß die Schuld an einer Verkürzung der Bogenachse liegt, und es ist klar, daß bei einfeldrigen Brücken dieselbe Ursache vorliegen muß.

Die Bogenachse wird verkürzt beim Ausrüsten durch das Zusammenpressen des Gewölbes (weshalb man ja das Lehrgerüst überhöht), in späterer Zeit durch das Auslaugen des Mörtels. Die erstgenannte Bewegung ist vor dem Aufbauen der Stirnmauern so ziemlich abgeschlossen, kommt also hier nicht in Frage. Es ist aber denkbar, daß der Mörtel eine ähnliche Erscheinung aufweist, die man beim Beton mit Kriechen bezeichnet.

Der Wichtigkeit einer einwandfreien wasserdichten Abdeckung für den Bestand einer Brücke wurde früher nicht immer Rechnung getragen, und zwar hauptsächlich aus dem Grunde, weil ihre Erneuerung während des Betriebes meist schwierig und teuer ist und zu unbequemen Betriebsstörungen Anlaß gibt. Da man eine noch so schadhafte wasserdichte Abdekkung nicht als betriebsgefährlich bezeichnen konnte, wurde ihre Erneuerung bei manchen Bahnverwaltungen in gröblichster Weise vernachlässigt, unbekümmert darum, ob dadurch schwere Zerstörungen im Mauerwerk hervorgerufen (Abb. 3 und 16) und die Lebensdauer des Bauwerkes verkürzt wurden.

Abb. 51. Die Wasserspeier sind verstopft. Das Wasser hat sich mehrere Wege durch das Mauerwerk gebahnt.

Abb. 50 zeigt die Leibung eines Talüberganges einer Schmalspurbahn. Der Kalk ist im Laufe der Jahre aus den Fugen herausgespült worden, er hat sich an der Leibung angesetzt. In den Fugen fehlt er jetzt, und da sie unter Druck stehen, werden sie immer dünner. Schließlich enthalten sie nur mehr Sand.

Bei der Brücke der Abb. 51 ist der Wasserspeier über dem Pfeiler verstopft. Die Hintermauerung ist gerade über dem Pfeiler gefährdet (vgl. Abschn. 15 d) und dürfte Risse haben. Das Wasser hat sich mehrere Wege nach unten gebahnt und es ist anzunehmen, daß nicht nur Kalk, sondern auch Sand aus den Fugen gewaschen wurde.

Wenn ein Gewölbe aus alten, 6,5 cm dicken Ziegeln 1 cm starke Fugen hat, dann besteht ein Achtel der Leibung aus Mörtel (Abb. 52). Nimmt man an, daß die Fugen durch Auslaugen und Zusammenpressen nur um 5 % dünner geworden sind, also um 5,75 cm, dann muß sich der Scheitel um 5 cm senken. Ein Quadergewölbe soll ebenfalls 1 cm starke Fugen haben, die Quaderstärke soll vier Ziegeln entsprechen. Dann beträgt die Summe der Quaderfugen nur ein Viertel der Ziegelfugen. Wenn auch die Quaderfugen um 5 % zusammengepreßt werden, dann beträgt die Scheitelsenkung nur ein Viertel von jener des Ziegelgewölbes.

Bestehen bei einem Ziegelgewölbe die Stirnkränze aus Quadern und werden alle Fugen gleichmäßig ausgelaugt, dann muß sich der Scheitel bei den Ziegeln viermal stärker senken als bei den Stirnkränzen. Die Übergangsstelle hinter dem Stirnring wird verdreht

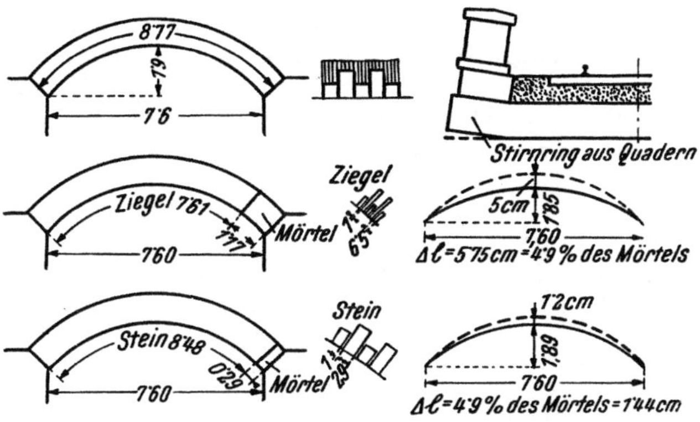

Abb. 52. Scheitelsenkungen als Folge des Auslaugens der Fugen; bei Ziegeln viermal größer als bei Quadern.

(Abb. 52, rechts oben), es gibt hier zusätzliche Spannungen, die ein vollständiges Abtrennen der Stirnringe verursachen können (vgl. Abschn. 14 e).

Im allgemeinen wird ein Stirnring überhaupt viel weniger durch das Wasser ausgelaugt, weil er ja durch die darüberliegende Stirnmauer, vielleicht auch noch durch eine gemauerte Brüstung gegen das Eindringen des Wassers besser geschützt ist als das übrige Gewölbe. Die Scheitel der Stirnringe sacken daher auch dann viel weniger durch, wenn das ganze Gewölbe einheitlich aus Ziegeln besteht. Besonders bei zweigleisigen Brücken ist das deutlich erkennbar, wenn man senkrecht zu den Gleisen dem Scheitel entlang sieht (Abb. 52 a). Das kann man ohne Leiter oder Gerüst nur ausnahmsweise, weil die Scheitel gewöhnlich viel zu hoch liegen, daher ist diese Erscheinung entweder fast gar nicht bekannt oder sie wird als gefährlich angesehen.

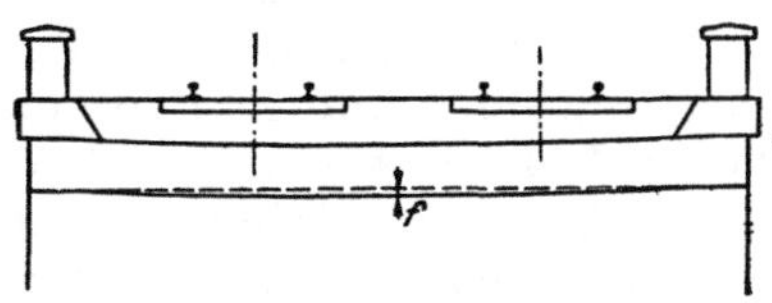

Abb. 52 a. In der Brückenachse ist der Scheitel um *f* stärker durchgesackt als an den Stirnen. Eine Folge des ungleichmäßigen Mörtelschwindens.

Solche ungleichmäßige Scheitelsenkungen zeigen auch längere Gewölbe, die ungleichmäßig in den Untergrund eingepreßt sind (vgl. Abschn. 14 c). Dort besteht aber keine Scheitelsenkung in dem hier gebrauchten Sinne, weil sich dabei die Pfeilhöhe nicht verändert haben muß.

Als Folge der Scheitelsenkungen entsteht bei einer durchlaufenden Gewölbereihe an Brüstung und Gesims eine Wellenlinie (Abb. 53), bei der die Pfeiler die Wellenberge und die Gewölbescheitel die Wellentäler bilden. Wäre eine Scheitelsenkung in einem Felde dadurch zustande gekommen, daß die benachbarten Pfeiler nach außen gewichen wären, so müßten in den anschließenden Feldern die Scheitel aufgestiegen sein. Das ist hier nirgends der Fall.

Das Bauwerk stammt aus dem Jahre 1849, die Gewölbe bestehen aus Ziegeln. Die Abdeckung ist seit vielen Jahren schadhaft. Der Mörtel ist ausgewaschen, in den ersten zwei verschlossenen

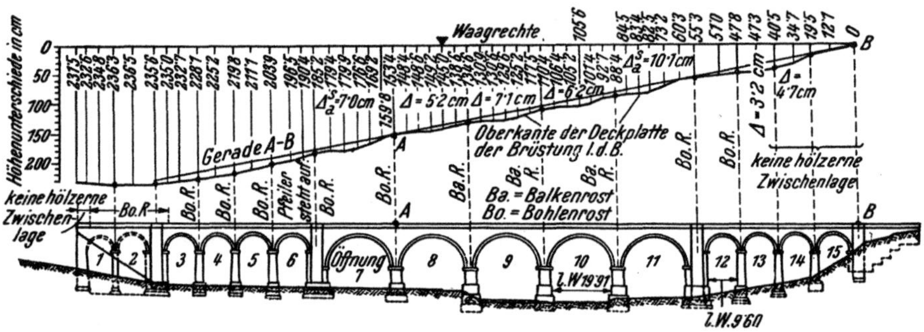

Abb. 53. Die Senkungen der Gewölbescheitel bei der Schwarzabrücke führten bei den großen Feldern zu einer Wellenlinie (vgl. Abb. 14, 49, 54 und 55).

Öffnungen hat sich am Fußboden Tropfstein gebildet. Das Durchsacken der Gewölbe wurde noch dadurch gefördert, daß die Leibung abgeschlagen und durch Betonformsteine ersetzt worden ist, wodurch mindestens eine Zeitlang erhöhte Beanspruchungen in den Gewölben aufgetreten sind (vgl. Abschn. 5 b). Die Pfeiler haben sich durchwegs ungleichmäßig gesetzt. Die Punkte *A* und *B* der Abb. 53, deren Pfeiler sich sicherlich auch gesetzt haben, wurden als die höchsten Punkte durch eine Gerade verbunden, um die Wellenlinie besser hervorzuheben. Es kommen Scheitelsenkungen bis zu 10,1 cm vor (Abb. 53 und 54, Feld 11). Dieses Maß bezieht sich nicht auf den Abstand von der Geraden *A B*, sondern auf die benachbarten Pfeiler.

Solche Verformungen gehen nicht ohne Zerstörungen im Mauerwerk vor sich. Wenn sich die beiden Scheitel senken, dann muß selbstverständlich in der Übermauerung des Pfeilers im waagrechten Sinne Zug entstehen (vgl. Abschn. 15 d). Über Pfeiler 10/11 ist auf einmal 1934 ein breiter Riß aufgetreten (Abb. 54). Das Mauerwerk wurde einfach auseinandergezogen, die Steine selbst sind nicht beschädigt (Abb. 55). In den Gewölbezwickeln hat eine Bewegung schräg zu den Fugen stattgefunden, daher gehen hier die Risse auch durch die Steine. Der große Riß nach Abb. 55 wurde sorgfältig verzwickt und verschmiert und nun sieht von außen alles in bester Ordnung aus. Heute wird der Anschein erweckt, als ob sich Bruchsteinmauerwerk ohne Rißbildung weitgehend plastisch verformen könne.

Abb. 56 zeigt einen Talübergang aus Quadergewölben. Auch hier sieht man eine Wellenlinie, wenn man dem Gesims entlang sieht. Aber da

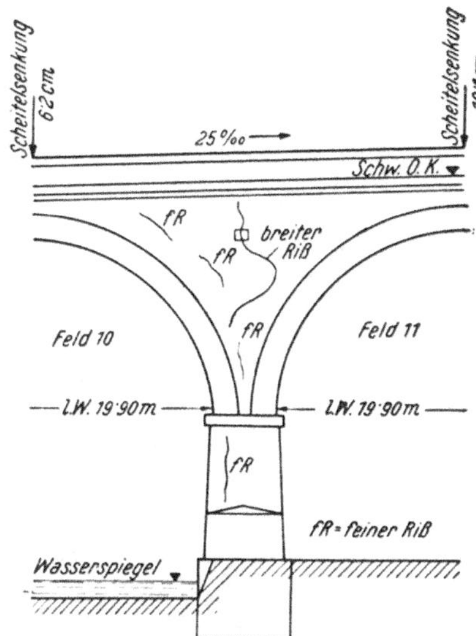

Abb. 54.

Abb. 55.

Abb. 54. Bauvollendung der Schwarzabrücke 1854. Nicht maßstäbliche Risse im Pfeiler 10/11 im Frühjahr 1934 als Folge der Scheitelsenkungen in den beiden benachbarten Feldern. Dem Rechteck in Pfeilermitte oben entspricht Abb. 55.

Abb. 55. Einzelheit zu Abb. 54: großer Pfeilerriß.

die Quadergewölbe weniger Fugen haben, sind auch die Scheitelsenkungen geringer.

Betriebssicherheit. Durch die Verkleinerung des Pfeilverhältnisses werden die Spannungen in den Gewölben erhöht. Scheitelsenkungen durch Mörtelarmut sind aber im Verhältnis zur Spannweite nicht so groß, daß daraus unzulässige Spannungen entstehen würden. Daß die Gewölbe unter den Gleisen häufig stärker durchgesackt sind als unter den Stirnringen (Abb. 52 a), ist eine natürliche, aber ebenso unbedenkliche Erscheinung. Diese Formänderungen werden, wie schon erwähnt, bei den regelmäßig wiederkehrenden Brückenprüfungen in der Regel gar nicht bemerkt.

Der große lotrechte Riß der Abb. 54 ist eine Folge des Zusammensackens der benachbarten Gewölbe. Wenn man diese Bogenreihe in Beton hergestellt hätte, dann hätte man am Überbau mehrere Dehnfugen anlegen müssen und hätte sie wahrscheinlich über den Pfeilern vorgesehen. Wenn sich nun dieses alte Bauwerk selbst eine solche Dehnfuge geschaffen hat, so kann dieser Zustand unmöglich bedenklicher sein als bei einem Neubau.

Abb. 56. Bei den Quadergewölben der südlichen Steinhauser Brücke sind die Scheitelsenkungen geringer als bei Ziegelgewölben (vgl. Abb. 64).

Anders ist der lotrechte Riß vom Standpunkte der Erhaltung zu beurteilen. Er reicht wahrscheinlich tief in die Übermauerung hinein. Er konnte von außen nicht mit Mörtel ausgegossen werden. Die wasserdichte Abdeckung ist durch den Riß sicherlich stark beschädigt worden. Die Folge ist ein verstärktes Auslaugen des Mörtels.

12. Darstellung und Bezeichnung der Risse in Gewölben.

Für eine geordnete Brückenerhaltung ist es wichtig, die Risse zeichnerisch festzuhalten, insbesondere dann, wenn mehrere Risse vorhanden sind. Die an der Leibung des Gewölbes auftretenden Risse werden am besten so dargestellt, wie sie ein im Inneren der Brücke stehender Beobachter sieht (Abb. 57 a), wenn er den Blick von einem Widerlager über das Gewölbe zum anderen Widerlager wandern läßt. Man muß sich also die Leibung samt den beiden Widerlagern in eine Ebene ausgebreitet denken (Abb. 57 c bis h). Die Risse werden mit einem Farbstift eingetragen, der zu dieser Farbe gehörige Tag der Aufnahme wird vermerkt. Werden bei einer späteren Überprüfung neue Risse oder Verlängerungen der alten Risse festgestellt, so wird die Zeichnung mit einem anderen Farbstift ergänzt, der Tag der neuen Aufnahme wieder vermerkt (Abb. 57 h).

Auf diese Weise erhält jedermann ein anschauliches Bild von den Rissen, ohne daß er sie selbst an Ort und Stelle gesehen haben muß. Dabei ist nicht einmal eine genaue maßstäbliche Darstellung erforderlich, die ja häufig sehr umständlich wäre. Es genügt in den meisten Fällen, etwa die beiläufige Entfernung des Risses von der Gewölbestirn bzw. vom Kämpfer anzugeben.

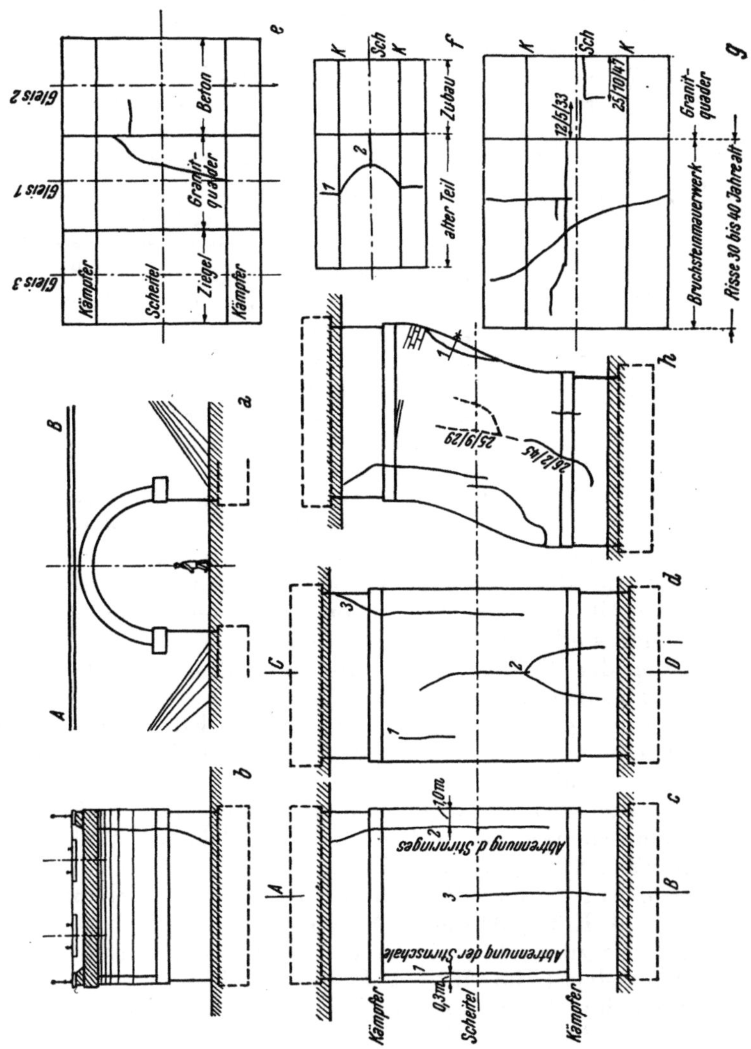

Abb. 57. Risse in Ebenen mehr oder weniger parallel zum Gleis und schräge Risse. Alle Rißarten nach Aufnahmen des Verfassers.

Die Darstellung bloß in einem Schnitt nach Abb. 60 b ist undeutlich und unübersichtlich, weil die Risse im Scheitel verkürzt sind und zwei solcher Ansichten gezeichnet werden müßten, nämlich für jedes Widerlager.

In Gewölben sind der Lage nach drei Rißarten zu unterscheiden:

a) Risse in Ebenen mehr oder weniger parallel zum Gleis (Abb. 57 c, d),

b) Risse in Ebenen mehr oder weniger senkrecht zum Gleis (Abb. 58), welche Bezeichnung der Einfachheit halber auch bei schiefen Brücken beibehalten werden möge, obwohl es hier richtiger heißen müßte: Risse in der Richtung der Gewölbeerzeugenden,

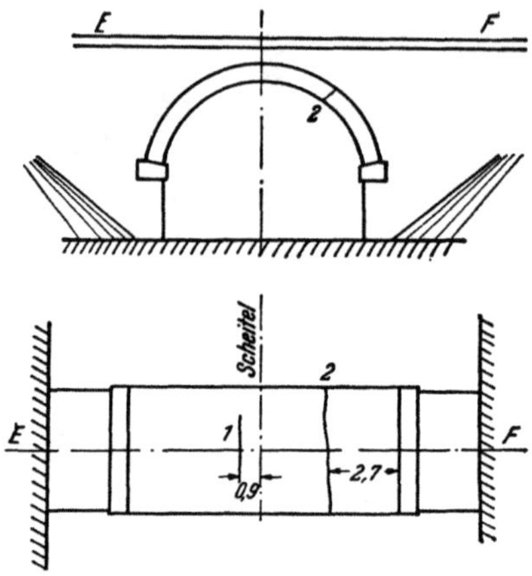

Abb. 58. Risse in Ebenen mehr oder weniger senkrecht zum Gleis.

c) Risse, die ausgesprochen schräg zu den beiden vorigen Arten liegen (Abb. 57 d bis h).

Die Erfahrung lehrt, daß in Gewölben die meisten Risse parallel zum Gleis liegen und daß diese Rißart vorwiegend in Ziegel- und Steingewölben auftritt. Risse senkrecht zum Gleis sind verhältnismäßig häufig in Betongewölben, sie sind meist nur ein Öffnen der Arbeitsfugen. Schräge Risse sind häufig in schiefen Brücken.

Die in Befundschriften und Beschreibungen übliche Bezeichnung wie „Risse im Scheitel" ist wertlos, weil sie gar nichts besagt, während die Bezeichnung „Risse im Scheitel parallel oder senkrecht zum Gleis" immerhin schon etwas mehr angibt. Viel kennzeichnender sind Beschreibungen, wie:

Abtrennung der linken Stirnschale über das ganze Gewölbe (Abb. 57 c, Riß *1,* Abschn. 4 und Abb. 18);

rechter Stirnring vollständig abgetrennt, der Riß erstreckt sich bis in die Grundmauer des Widerlagers gegen *A* (Abb. 57 c, Riß *2,* Abschn. 14 e und Abb. 75 b);

Riß parallel zum Gleis zwischen den beiden Gleisen über den ganzen Gewölbeschenkel gegen *B* und zum Teil in das Widerlager hinein (Abb. 57 c, Riß *3,* Abschn. 14 a);

beginnende Abtrennung des linken Stirnringes im Schenkel gegen *C* (Abb. 57 d, Riß *1,* Abschn. 14 a und e);

Riß senkrecht zum Gleis nächst dem Scheitel gegen *E,* jedoch nur unter dem Gleis (Abb. 58, Riß *1,* Abschn. 15 a);

Arbeitsfuge im Gewölbeschenkel gegen *F* hat sich geöffnet (Abb. 58, Riß *2,* Abschn. 15 e).

13. Beurteilung der Risse in Gewölben vom Standpunkte der Betriebssicherheit.

a) Risse parallel zum Gleis.

Durch Risse parallel zum Gleis wird das Gewölbe in mehrere nebeneinanderliegende Ringe aufgeteilt. Am Tragsystem wird aber dadurch gar nichts geändert, denn die Gewölbewirkung spielt sich ja wie früher in der Ebene des Bogens ab (Abb. 59). Wenn die Breite eines Gewölbes von $3b$ auf b verringert wird, so steigt die Beanspruchung durch die Verkehrslast in dem schmalen Gewölbe auf das Dreifache. Ob das zulässig ist, hängt vom Baustoff ab. Die Kraftübertragung zu den Widerlagern vollzieht sich aber in beiden Gewölben in derselben Weise.

Wenn in der Achse einer zweigleisigen Brücke ein Riß parallel zum Gleis quer durch das ganze Bauwerk entsteht (Riß *3* in Abb. 57 c möge sich durch das ganze Bauwerk erstrecken), so sind aus einer zweigleisigen Brücke zwei nebeneinanderliegende eingleisige Brücken entstanden. Statisch gesehen, hat sich der Zustand nur verbessert, indem sich jetzt jedes Bauwerk unabhängig vom anderen bewegen kann.

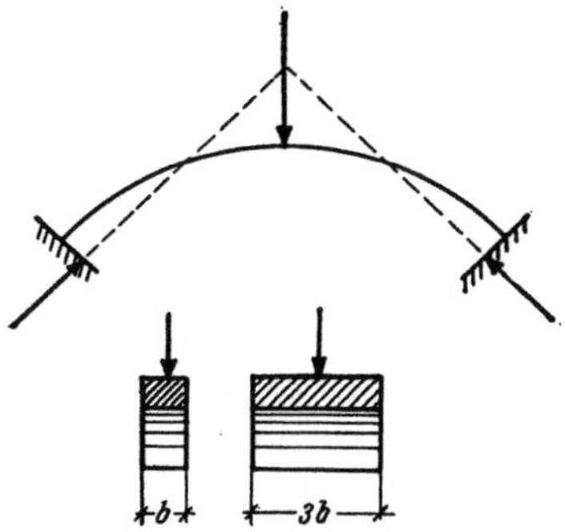

Wenn sich nun in einer dieser eingleisigen Brückenhälften auch noch der Stirnring abtrennt (Abb. 59), also die tragende Gewölbe-

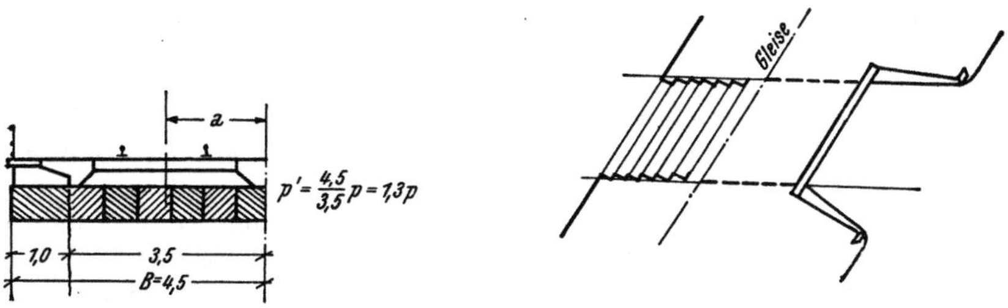

Abb. 59. Aufspaltung des Gewölbes in mehrere nebeneinanderliegende Ringe.

breite von 4,5 m auf 3,5 m verringert wird, so wird in dem Gewölbe unter den Schwellen die Beanspruchung durch die Verkehrslast rechnungsmäßig um 30 % erhöht. Dabei ist vorausgesetzt, daß die Verkehrslast auf die volle Breite B und nicht, wie üblich, auf eine Breite gleich dem Gleisabstand $2a$ verteilt worden ist, in welchem Falle die Spannungserhöhung geringer wäre. Die Spannungserhöhung infolge Abtrennens der Stirnschale ist in Abschn. 4 behandelt.

Daß das nachträgliche Abtrennen der Stirnringe die Betriebssicherheit im allgemeinen nicht vermindert, ersieht man am besten daraus, daß man Neubauten hergestellt hat, bei denen der Stirnring schon durch eine Fuge abgetrennt war (vgl. Abschn. 14 e und Abb. 75 c).

Das schmäler gewordene Gewölbe unter den Schwellen mit einer angenommenen Breite von 3,5 m (Abb. 59) kann nun ohne Bedenken noch weiter in einzelne nebeneinanderliegende Ringe aufgespalten werden, solange ein seitliches Ausknicken der einzelnen Ringe nicht in Frage kommt. Man konnte ja die einzelnen Ringe schon beim Bau nacheinander herstellen, und das geschieht auch bei schiefen Gewölben (Abb. 59 und 2). Es werden jetzt nur einzelne Ringe etwas höher beansprucht, weil die Querschwellen die Verkehrslast nicht gleichmäßig verteilen (vgl. Abschn. 14 a). Mit der höheren Beanspruchung ist aber zwangsläufig eine größere Durchbiegung und damit eine Selbstentlastung des betreffenden Ringes verbunden, indem die Nachbarringe zu einer erhöhten Mitwirkung herangezogen werden.

Durch das Aufspalten in schmale Ringe bis zu den Kämpfern hinunter wird auch die Standsicherheit vermindert, d. h. die Sicherheit gegen Umsturz durch Wind und Seitenkräfte der Verkehrsmittel. Wegen des großen Eigengewichtes der gewölbten Brücken ist diese Frage aber nur bei sehr großem Pfeil und großer Spannweite von Bedeutung, nicht aber bei den gewöhnlichen Brücken kleiner und mittlerer Spannweite. Man kann ihr leicht durch Einziehen von Schließen senkrecht zum Gleis begegnen (vgl. Abschn. 21 d).

Man kann somit sagen: durch die Risse parallel zum Gleis und das Aufspalten des Gewölbes in mehrere Ringe wird zwar die Beanspruchung durch die Verkehrslast in einzelnen Ringen erhöht, die Verminderung der Betriebssicherheit ist aber nur nach Maßgabe dieser Spannungserhöhung und Verminderung der Standsicherheit zu beurteilen, d. h. praktisch gesehen wird sie in den meisten Fällen unbedenklich sein. Man wird sich auf das Beobachten der Risse beschränken.

Bei schräg auslaufenden Rissen ist jedoch der folgende Abschn. c, bei Brücken im Bogen Abschn. d zu beachten.

Das gilt alles nur für überwiegend lotrechte und geringe waagrechte Kräfte. Ist aber eine große waagrechte Kraft vorhanden, die bei der Entwurfsverfassung nicht berücksichtigt wurde (Abschn. 14 d, Abb. 74 a), dann kann ein Riß parallel zum Gleis gar wohl die Einleitung eines betriebsgefährlichen Zustandes bedeuten.

b) Risse senkrecht zum Gleis.

Grundsätzlich anders zu beurteilen sind Risse senkrecht zum Gleis. Denn wenn sich die Rißflächen über den ganzen Gewölbequerschnitt erstrecken, wird dadurch das Tragsystem geändert. Durch den Riß *2* in Abb. 58 ist aus einem eingespannten Bogen ein Bogen mit einem Gelenk entstanden. Die Natur hat sich selbst ein wenn auch unvollkommenes Gelenk geschaffen. Man muß sich daran erinnern, daß wir ja Bogen mit einem, zwei oder drei Gelenken selbst herstellen, wenn auch Eingelenkbogen namentlich mit seitlich liegendem Gelenk oder Zweigelenkbogen mit sehr weit in die Leibung gerückten Gelenken etwas ungewöhnliche Gebilde sind.

Vom Standpunkte der Betriebssicherheit ist also gegen die Ausbildung von wilden Gelenken zunächst grundsätzlich nichts einzuwenden. Unbedingt zu beachten ist aber die Stellung der Gelenkflächen zur Bogenachse und es muß auch berücksichtigt werden, daß die Gelenkwirkung durch Hintermauerung oder Stirnmauern zum Teil oder ganz aufgehoben wird.

Abb. 60 und 61 zeigen einen Teil einer Bogenreihe bei Leopoldau mit 112 Gewölben aus Stampfbeton. Um die Ausdehnung der Gewölbe zu ermöglichen, waren ursprünglich Dreigelenkbogen

Abb. 60. Bogenreihen bei Leopoldau aus Stampfbeton mit vier Ausdehnungsfugen für jede Öffnung (vgl. Abb. 40 und 61).

vorgesehen. Später machte man vier, ja sogar sechs Dehnfugen in einer Öffnung[9]. Schon ein Viergelenkbogen ist theoretisch ein Unding. Wenn der Bogen für sich allein stünde, würde er bei nicht spiegelgleicher Belastung zusammenfallen. Dieser Mangel wird durch die starke Hintermauerung vollständig behoben, obwohl auch sie durch Fugen unterteilt worden ist. Man hat die reine Gewölbeform verlassen und große Betonklötze geschaffen, die sich gegeneinander versteifen und dadurch vollkommen standsicher geworden sind.

Der Begriff des Gelenkes setzt eigentlich voraus, daß die Fuge senkrecht zur Bogenachse liegt. Die geringe Seitenkraft Q (Abb. 62 a) wird durch die Reibung aufgenommen. Bei Betongewölben sieht man aber sehr häufig schräge Arbeitsfugen (Abb. 62 b). Wenn sich eine solche Fuge öffnet, dann kann man nicht mehr von einem Gelenk sprechen, denn die Seitenkraft S, die senkrecht zur Fuge steht, drückt den Gewölbeschenkel U nach unten. Die Gewölbewirkung, die auf einem Weiterleiten von Normalkräften in die Widerlager beruht, hat ganz aufgehört. Der Schenkel U wird wie ein Konsolträger auf Biegung beansprucht. Dazu wird er in der

[9] ZÖIAV 70, 113 (1918).

Regel nicht geeignet sein. Infolge der Seitenkraft T haben die beiden Gewölbeschenkel das Bestreben, aneinander vorbeizugleiten. Sie werden daran durch die Reibung, die Hintermauerung und die Stirnmauern verhindert. Stirnmauern und Hintermauerung haben also hier die sehr wichtige Aufgabe, den Bogen standsicher zu machen. Von ihrem Zusammenwirken mit dem Gewölbe hängt bei offenen schrägen Arbeitsfugen die Betriebssicherheit des Bauwerkes ab. Wenn dieses Zusammenwirken versagt (Abb. 62 d), dann kann sehr wohl ein betriebsgefährlicher Zustand entstehen, wie das Beispiel im Abschn. 15 e (Abb. 90) zeigt.

Es kommen auch spiegelgleich liegende, schräge Arbeitsfugen vor (Abb. 62 c). Wenn sich diese öffnen, so hat man es nicht mit einem Zweigelenkbogen zu tun,

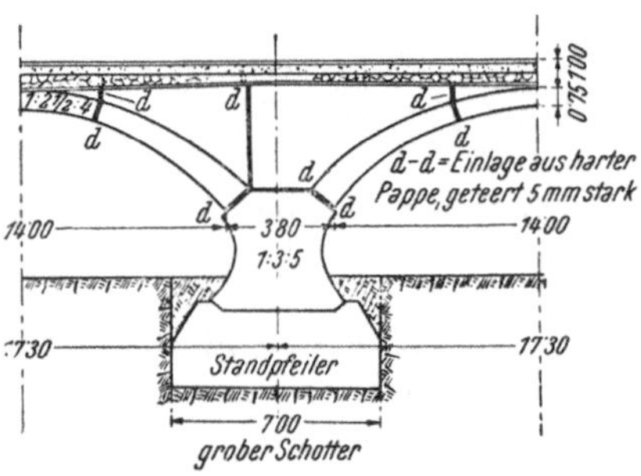

Abb. 61.

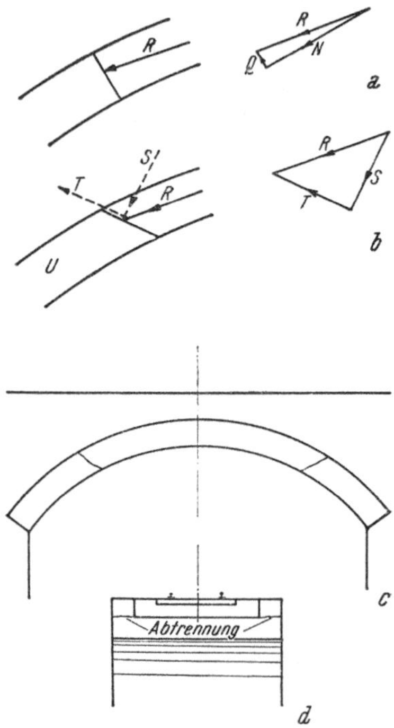

Abb. 62.

Abb. 61. Zeichnung zu Abb. 60 (aus ZÖIAV 1918).

Abb. 62. Wirkungsweise von richtig *(a)* und falsch *(b* und *c)* angelegten Arbeitsfugen.

sondern mit zwei Konsolen und einem daraufliegenden, gekrümmten Balken. Auch hier hängt alles vom Verhalten der Stirnmauern und der Hintermauerung ab. Solche Fälle muß man gut beobachten.

Bei Ziegel- und Steingewölben gibt es keine schrägen Arbeitsfugen. Die Risse senkrecht zum Gleis erstrecken sich bei Ziegelgewölben in ihrem Anfangszustand meist nicht einmal in die Stirnringe hinein (Riß *1* in Abb. 58). Eine Art von Gelenkbildung besteht nur insofern, als die Stützlinie infolge des Anrisses gezwungen ist, durch einen bestimmen Gewölbeteil hindurchzugehen. Man wird den Riß beobachten. Stirnmauern und Hintermauerung spielen auch hier eine große Rolle. Da aber waagrechte Abtrennungen der Stirnmauern vom Gewölbe nach Abb. 62 d bei Ziegel- und Steingewölben viel seltener sind, ist ihre Standsicherheit durch Risse senkrecht zum Gleis viel weniger gefährdet als bei Betonbrücken.

c) Schräge Risse.

Es kommt selbstverständlich auch vor, daß die Risse nicht in Ebenen ganz parallel zur Gleisachse liegen. Ob dieser Zustand bedenklich ist, hängt ganz davon ab, ob der schräge Riß im Inneren der Leibung oder bei den Stirnwänden liegt. Die durch den Riß *2* in Abb. 57 d gebildete Spitze ist ja nicht ganz ausgeschaltet, sondern auch weiter an der Kraftübertragung beteiligt, wenn auch in etwas anderer Form als früher.

Der Stirnringabriß *2* in Abb. 57 c verläuft im Widerlager gegen die Gleisachse zu, ist also ungefährlich. Hingegen läuft der Stirnringabriß *3* in Abb. 57 d im Widerlager in eine Spitze aus, man wird das Widerlager durch Abpölzen (Abb. 101, links) oder durch einen Strebepfeiler sichern, obwohl Abb. 76 a ein Gewölbe zeigt, das ohne besondere Sicherung jahrelang befahren wurde (vgl. Abschn. 14 e).

Das Gewölbe unter *Gleis 1* in Abb. 57 e zeigt einen Riß, den man, wenn das Gewölbe frei stünde, keinesfalls ungesichert lassen würde. Durch das Gewölbe unter *Gleis 2* ist aber der abgetrennte Teil des Gewölbes unter *Gleis 1* gegen seitliches Ausweichen gesichert, der Riß ist bei der geringen Lichtweite des Durchlasses unbedenklich.

Der durch den Riß *1* in Abb. 57 h abgetrennte Teil des Stirnringes ist nicht herausgefallen, er trägt immer noch mit, weil er durch einen Anker gesichert ist und weil seine Bruchflächen nicht glatt sind und unter Druck stehen. Nachträglich ließ sich auch nicht feststellen, ob sich der Riß nicht erst nach dem Einziehen des Ankers auf seine volle Länge ausgebildet hat. Es ist auch nicht sicher, ob die Rißfläche das ganze Gewölbe durchsetzt oder ob es sich nur um einen Riß in einer Verkleidungsschale handelt (vgl. Abschn. 5 c). Trotz solcher guter Erfahrungen wird man bei schiefen Gewölben vorsichtig sein, wenn die Risse in der Nähe der Stirnflächen unregelmäßig verlaufen, weil bei schiefen Gewölben die Kraftübertragung nicht so klar ist wie bei geraden Gewölben und Kraftwirkung senkrecht zum Gleis vorhanden ist (vgl. Abschn. 16). Das Bauwerk ist durch kräftige Schließen senkrecht zum Gleis gesichert worden (Abb. 101).

d) Brücken im Bogen.

Abtrennungen der Stirnringe werden in den Abschn. 13 a und 14 e im allgemeinen als unbedenklich bezeichnet, wenn das Gleis in der Geraden liegt. Bei Bogenlage (Abb. 63) muß das Gewölbe auch die

Fliehkraft F aufnehmen. Das geschieht durch Reibung in der Fläche $b\,d$. Liegen die Schwellenköpfe k sehr nahe am Stirnring $b\,a$, so wird auch ein Teil der waagrechten Fliehkraft unmittelbar in den Stirnring übertragen. Diese Teilkraft αF wird um so kleiner, je größer der Abstand $a\,k$ wird.

Außerdem ist zu berücksichtigen, daß die Bewegungsmöglichkeit des Gleises sehr beschränkt ist und daß der Stirnring $A\,B$ (Abb. 63 b) gegen die waagrechte Kraft αF viel unempfindlicher ist als ein frei aufliegender Träger, weil der Stirnring eingespannt ist und unter dem Druck des Bogenschubes H steht, der um so größer wird, je flacher das Gewölbe ist.

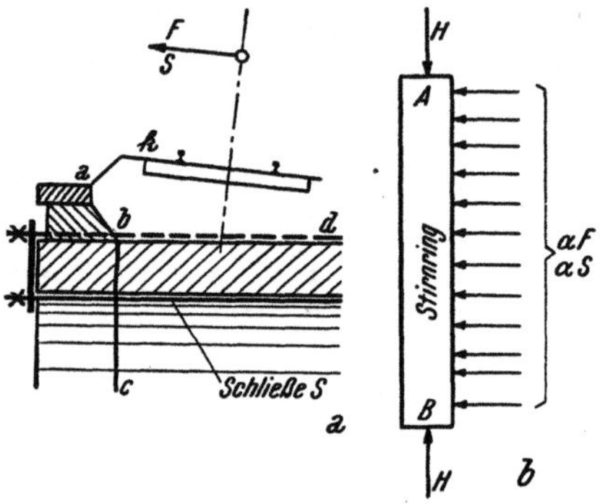

Abb. 63. Wirkung der Fliehkraft F und des Seitenstoßes S auf einen abgetrennten Stirnring; b Grundriß.

In derselben Weise ist die Übertragung des Seitenstoßes S der Lokomotiven zu beurteilen, der eigentlich auch im geraden Gleis zu berücksichtigen ist. Dabei ist aber zu bedenken, daß das in den Berechnungsvorschriften angegebene Ausmaß des Seitenstoßes als Grundlage für die Bemessung der Verbände von neuen Stahlbrücken gedacht ist. Die Übertragung des Seitenstoßes etwa als zusammengefaßte Einzelkraft auf den abgetrennten Stirnring ist unwahrscheinlich. Bei der hohen ständigen Last der gewölbten Brücken spielt der Seitenstoß überhaupt keine Rolle.

Ist eine größere Einwirkung der Fliehkraft auf den abgetrennten Stirnring zu erwarten, etwa weil das Gleis sehr nahe dem Stirnringe liegt oder weil das Gewölbe einen sehr großen Pfeil hat, dann wird man sich durch Beobachtungsmarken (vgl. Abschn. 21 b) davon überzeugen, ob der Stirnring hinausgepreßt wird und gegebenenfalls den Scheitel des Stirnringes mittels der Schließe S kräftig verankern (vgl. Abschn. 21 d).

14. Ursachen der Gewölberisse parallel zum Gleis.

a) Verkehrslast.

In alten Ziegel- und Steingewölben findet man häufig einen oder mehrere Risse parallel zum Gleis, die sich über Teile oder über das ganze Gewölbe erstrecken (Abb. 64). Manche wollen sie auf Bodenbewegungen und ungleichmäßige Setzungen des Baugrundes zurückführen; dann müßten aber die Risse von den Grundmauern und nicht von den Gewölben ausgehen.

Die Ursache der Risse ist vielmehr oft in der ungleichmäßigen Verteilung der Verkehrslast und in der geringen Scherfestigkeit des alten Mauerwerks zu suchen. Aus der Berechnung des Oberbaues nach Zimmermann ist bekannt, daß sich die Querschwellen nicht gleichmäßig in den Schotter eindrücken (Abb. 65), das heißt aber nichts anderes, als daß sich die Verkehrslast nicht gleichmäßig über das ganze Gewölbe verteilt, sondern daß der Gewölberükken an bestimmten Stellen stärker belastet wird als an anderen. Die stärker beanspruchten Gewölberinge sollten sich stärker durchbiegen. Da sie sich aber mit den schwächer belasteten Ringen gemeinsam durchbiegen müssen, wird die Biege- und Scherfestigkeit zwischen den Ringen in Anspruch genommen. In neuen Gewölben sind diese in ausreichendem Maße vorhanden, aber nicht mehr in alten Gewölben, und bei diesen treten eben dann mit zunehmendem Alter die Längsrisse parallel zum Gleis auf.

Abb. 64. Längsriß zwischen den beiden Gleisen in einer Öffnung der Brücke Abb. 56. Stark klaffender Riß über das Gewölbe bis in die beiden Pfeiler hinein. In dieser Öffnung sind aus einem zweigleisigen Gewölbe zwei eingleisige geworden. Quer über den Riß zwei Beobachtungsmarken ↓←, die obere durchgerissen.

Es ist bezeichnend, daß die Risse in der Regel entweder im Scheitel beginnen, wo die Lastverteilung wegen der geringen Überschüttung am ungleichmäßigsten ist, oder in den Viertelpunkten, die durch die Verkehrslast gesenkt und gehoben werden. Der Kämpfer ist zunächst durch die starke Hintermauerung gesichert. Später können sich die Risse über die ganze Leibung bis in die Widerlager hinein erstrecken (Riß *3* in Abb. 57 c).

Bei der Berliner Stadtbahn[10] waren die Bodenpressungen durch die Pfeiler auf minderem Baugrund zu hoch. Die Pfeilerhälften unter den Nahverkehrsgleisen wurden viel häufiger in den Untergrund hineingehämmert als die Pfeilerhälften unter den Fernzügen. Die Risse gingen daher meist von den Pfeilern aus, schließlich wurden auch die Gewölbe zwischen den Gleisen des Nah- und Fernverkehrs ganz durchgeschert, so daß jeweils aus einer viergleisigen Brücke zwei zweigleisige Brücken entstanden.

[10] Grapow, Bautechnik 3, 525 (1925).

In Gewölben mit schwachem Schotterbett findet man häufig gleichzeitig mehrere Risse parallel zum Gleis, besonders, wenn die Schwellen auf dem Scheitel reiten und das Gewölbe förmlich zerhämmern. Wo die Schlagwirkung fehlt und die Verkehrslast überhaupt gegen die ständige Last zurücktritt, wie bei Gewölben unter hohen Dämmen, dort findet man keine solchen Risse aus der Ver-

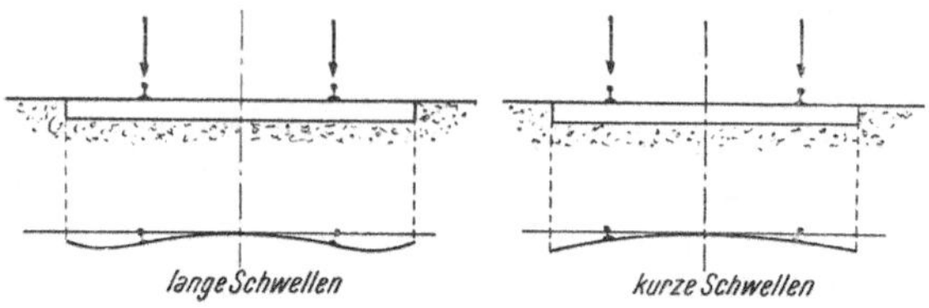

Abb. 65. Biegelinien langer und kurzer Querschwellen, daher ungleichmäßige Verteilung der Verkehrslast auf dem Gewölberücken.

kehrslast. Auch bei Straßenbrücken fehlt das ununterbrochene Hämmern der Querschwellen unter der Verkehrslast an immer denselben Stellen, und da bei Straßenbrücken die Verkehrslasten überhaupt leichter sind, zeigen auch 100 Jahre alte Straßenbrükken kaum solche Schäden.

An der Betriebssicherheit hat sich, selbst wenn in einem Gewölbe mehrere Risse parallel zum Gleis entstanden sind, nach Abschn. 13 a im allgemeinen nicht viel geändert.

b) Erddruck senkrecht zum Gleis.

Bei waagrecht liegenden Gewölben unter hohen Dämmen wurden Zerstörungen der wasserdichten Abdeckung beobachtet, die auf eine Längskraft der Überschüttung zurückgeführt wurden, die

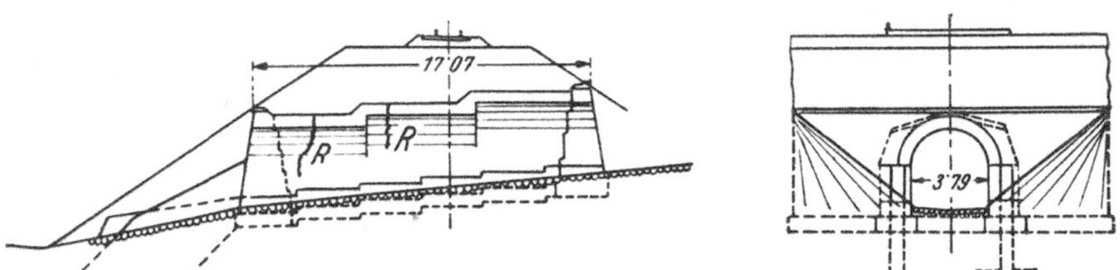

Abb. 66. Vom Gewölberücken ausgehende Risse parallel zum Gleis, verursacht durch die im Dammfuß wirkende Kraft senkrecht zum Gleis. Sicherung nicht ausgeführt.

in den Dammfüßen nach außen in der Richtung des Gewölberohres, also senkrecht zum Gleis, wirkt[11] (vgl. auch Abb. 71 c).

---

[11] Rendulic, Erddruck im Straßenbau und Brückenbau. „Volk und Reich", Berlin, 1938 (Forschungsarbeiten aus dem Straßenwesen).

Auf diese Ursache dürften die Risse in dem mehr als 70 Jahre alten Ziegeldurchlaß der Abb. 66 zurückzuführen sein, die sich

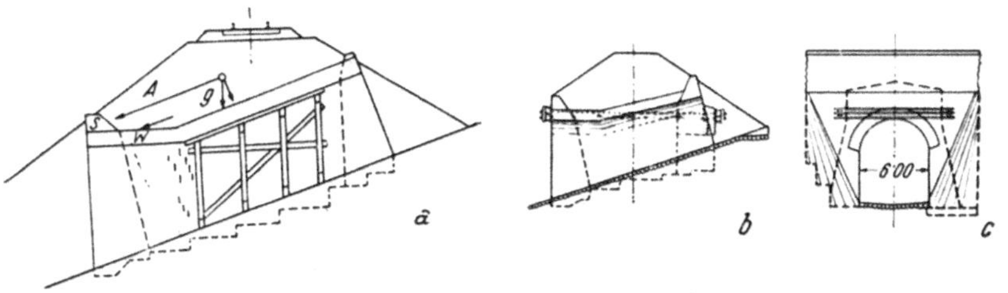

Abb. 67. *a* Das Dammgewicht *g* übt einen Schub *A* in der Längsrichtung des Lehnendurchlasses aus; *b* und *c* Sicherung durch Schließen.

über das ganze Gewölbe bis in die Widerlager hinein erstrecken. Der Riß im linken Ring hat die Form des Risses *1* der Abb. 57 f. Die Fuge zwischen dem linken und mittleren Ring hat sich geöffnet. Entsprechend der Kraftlage müssen die Risse vom Gewölberücken ausgehen, also oben klaffen und nach unten auf Null auslaufen, falls das Bauwerk nicht ganz durchgerissen ist. Die Fliehkraft dürfte bei der beträchtlichen Überschüttung kaum von Einfluß sein. Da die sehr alten Risse sich vor zwanzig Jahren verbreiterten, wurde die Herstellung zweier kräftiger, bis in den festen Tegel hineinreichender Streben vorgeschlagen im Hinblick darauf, daß der Durchlaß seicht gegründet ist und in früherer Zeit in der Nähe eine Rutschung stattgefunden hatte. Diese Sicherung hätte den Vorteil gehabt, daß die Bauarbeiten den Betrieb nicht gestört hätten. Sie wurde aber nicht ausgeführt, man beschränkte sich auf das bloße Beobachten der Risse.

Abb. 68. Einzelheit zu Abb. 67. Kein durchlaufender Riß, sondern die Steinschichten sind bis 10 cm auseinandergezogen.

Bei schrägen Lehnendurchlässen braucht man gar nicht auf die erwähnte Kraft im Dammfuß zurückzugreifen, denn es ist klar, daß der waagrechte Auslauf *W* (Abb. 67 a) und die Stirnmauer *S* die parallel zum Gewölberücken wirkende Seitenkraft *A* des Dammgewichtes *G* aufnehmen müssen. Beim Entwerfen kümmert man sich um die Kraft *A* überhaupt nicht, während man sich bei der üblichen Untersuchung des Gewölbes und der Widerlager womöglich um die Größe der Erdwinkel streitet.

Der in Abb. 67 gezeigte Durchlaß wurde 1906 gebaut, 1913 zeigten sich die ersten feinen Risse, erst 1933 verbreiterten sie sich rasch auf 10 cm (Abb. 68). Der Mörtel war naß und enthielt fast kein Bindemittel. Es entstand kein durchlaufender Riß, sondern die Steinschichten waren einfach auseinandergezogen, also eine waagrechte Bewegung nach der Talseite, die durch die seichte Gründung nicht aufgehalten wurde. Hinter den Widerlagern wurden kräftige Anker eingezogen (Abb. 67 b und c), die den Erddruck senkrecht zum Gleis aufnehmen und den Durchlaß zusammenhalten.

Durch diese Risse parallel zum Gleis wird das Bauwerk in einzelne Ringe aufgespalten, deren Tragfähigkeit nach Abschn. 13 a nicht vermindert wird. Wohl aber würde der Betrieb unterbrochen, wenn der abgetrennte Ring auf der Talseite ganz abrutscht. Die Gefährdung der Betriebssicherheit wird man vollkommen nach der Geschwindigkeit beurteilen, mit der sich die Risse erweitern. Bei Rissen, die jahrzehntelang ganz oder nahezu gleich weit blieben, besteht keinerlei Gefahr. Bei Rissen, die sich verhältnismäßig rasch erweitern, muß man eine erhöhte Überwachung einführen und eine baldige Sicherung einleiten. Das Lehrgerüst wird in Abschn. 21 c besprochen.

c) Einpressen in den Baugrund.

Wenn man bei einem Rohrdurchlaß, der nur vom Schotterbett überdeckt ist, den Scheitel entlang sieht, so bemerkt man sehr häufig eine Scheitelsenkung in Gleismitte. Der Durchlaß ist durch

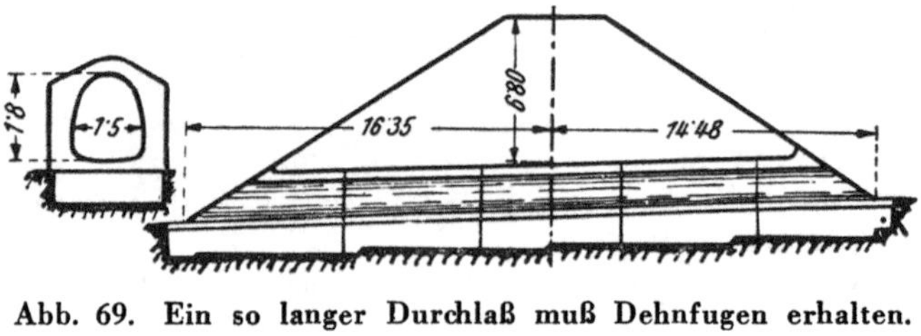

Abb. 69. Ein so langer Durchlaß muß Dehnfugen erhalten.

die Verkehrslast in den Untergrund ungleichmäßig eingedrückt worden, unter dem Gleis am stärksten, am Ein- und Auslauf überhaupt nicht. Bei höheren Dämmen (Abb. 69) tritt die Verkehrslast gegenüber dem Gewicht der Überschüttung sehr zurück. Unter der Dammkrone ist die Erdlast außerordentlich hoch, im Damm-

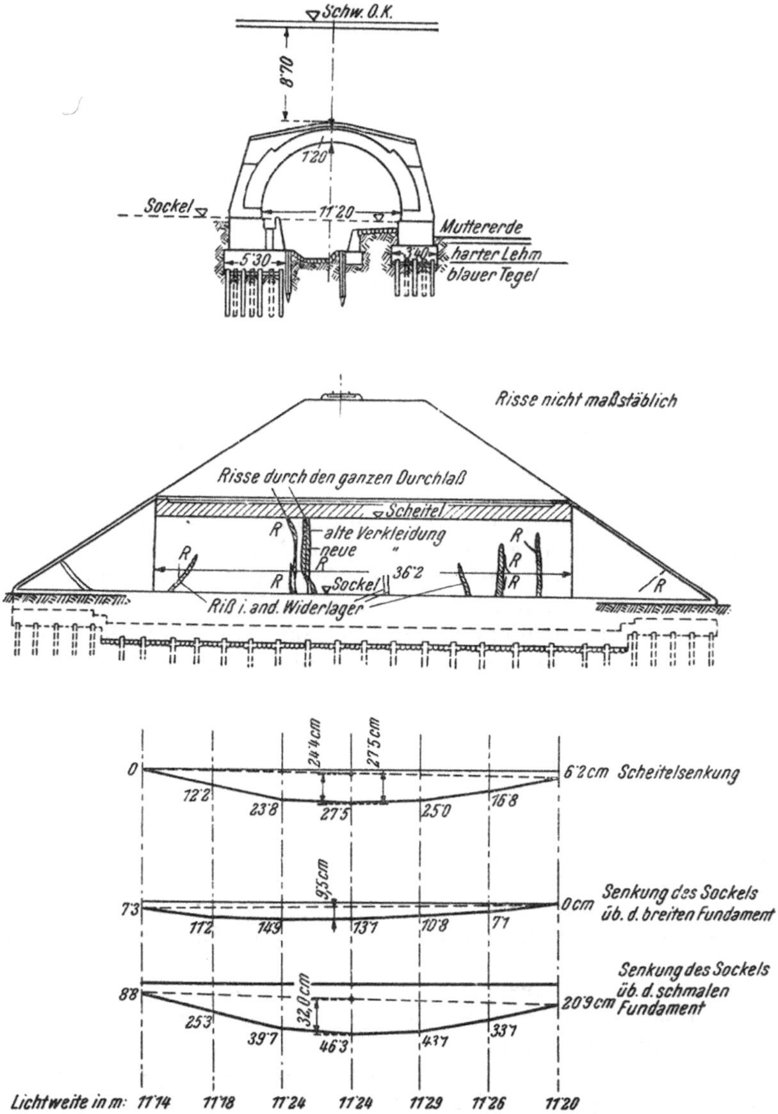

Abb. 70. Der Durchlaß wird durch das große Gewicht der Überschüttung in den Tegel eingepreßt. Die Risse gehen von den Grundmauern aus.

fuß verschwindet sie ganz. Bei bindigen Böden wird der Gewölbeschlauch ganz langsam entsprechend der Belastung in den Untergrund hineingedrückt, ein Vorgang, der nach Jahrzehnten noch nicht abgeschlossen sein muß. Es werden daher schon seit längerer Zeit bei den an Ort und Stelle betonierten Durchlässen Dehnfugen vorgesehen (Abb. 69), die sich beim Einpressen des Durchlasses öffnen. Es müssen aber richtige Dehnfugen sein; bei bloßen Betonierfugen können daneben wilde Risse entstehen.

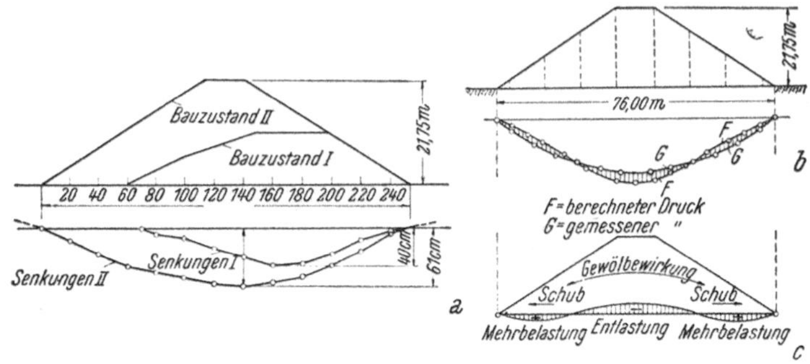

Abb. 71. *a* Einpressen eines in zwei Bauabschnitten geschütteten Dammes in den Untergrund aus Löß; *b* und *c* Gewölbewirkung des Dammes (aus Kögler-Scheidig).

Diese Erscheinung ist selbstverständlich von der Größe des Bauwerkes unabhängig. Der fast 20 m hohe Damm der Abb. 70 steht auf Tegel, der durch die riesige Auflast zusammengepreßt wird. Unter dem Damm bildet sich eine Mulde (vgl. Abb. 71), die man für gewöhnlich nicht sieht. Der Durchlaß muß die Bewegung mitmachen, er wird in der Mitte nach unten durchgebogen, d. h. in

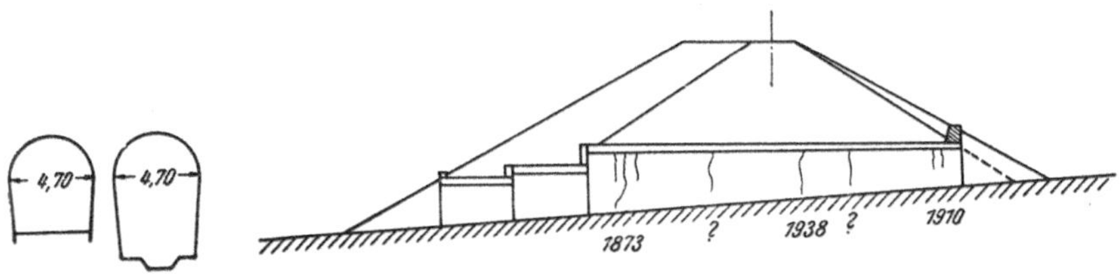

Abb. 72. Die Risse sind auf drei Ursachen zurückzuführen: Abrutschen beim Bahnbau, Einpressen in den Untergrund, Erhöhen der Stirnmauer beim Einlauf.

den Grundmauern gezogen, im Scheitel gedrückt. Allfällige Zugrisse müssen von den Grundmauern ausgehen, also unten klaffen und oben auf Null auslaufen.

Der Durchlaß (Abb. 70) wurde 1870 aus Ziegeln gebaut. Die eine Grundmauer ist viel zu schmal, ihre Pfähle sind mit 60 t belastet (nur gleichmäßig verteilte lotrechte Belastung gerechnet). Die Mitte des Schlauches ist gegenüber den Stirnen durchgedrückt, bei der schmalen Grundmauer um 32 cm, bei der breiten Grundmauer um 9 cm, im Scheitel um 24 cm. Die Lichtweite hat sich zum Teil vergrößert. Der Schlauch hat sich verwunden und verdreht, er ist an zwei Stellen quer durchgerissen. Man hat die Risse durch Ziegel verdecken wollen. Da aber die Setzung noch nicht abgeschlossen war, haben sich die Risse verbreitert, wobei sich die Verkleidung vom alten Mauerwerk ablöste, so daß dort, wo früher ein Riß war, jetzt zwei sind.

Der Durchlaß wird sich voraussichtlich in mehrere Ringe teilen. Die Betriebssicherheit ist nach Abschn. 13 a nicht vermindert. Hätte man schon beim Bahnbau Dehnfugen angeordnet — deren Notwendigkeit damals noch nicht bekannt war —, so wäre das Öffnen der Fugen wahrscheinlich gar nicht aufgefallen.

Abb. 73. Die in Abb. 72 beim Auslauf dargestellten Risse. Schließen sieben Jahrzehnte alt, zum Teil durchgerostet und abgefallen.

Sehr anschaulich zeigt Abb. 71 a das Einpressen einer hohen Dammschüttung in eine 30 m starke Lößschicht (bindiger Boden)[12]. Der Damm ist in zwei Abschnitten geschüttet worden. Ein Durchlaß gab die Möglichkeit, die Setzungen zu messen. Die im ersten Bauabschnitt aufgebrachte Last hat eine gewisse Senkungslinie ausgebildet. Durch das Aufbringen der Zusatzlast wurde die frühere Einsenkung nicht nur vertieft, sondern die Biegelinie zum Teil geradegestreckt. Kögler-Scheidig vermuten außerdem auf Grund der Rechnung eine Gewölbewirkung des Dammes (Abb. 71 b und c) in dem Sinne, daß die Dammfüße stärker belastet und die Dammitte entlastet wird. Diese Wirkung ist ohne weiteres einleuchtend, wenn man bedenkt, daß die Erde in Dammitte zusammenhängend nach unten sinken kann, während die höher gelegenen Teile nicht mehr so leicht absinken können, sondern sich gegenseitig bei ihrer Bewegung hindern und dabei nach außen zu verspannen. Das deckt sich auch mit der in Abschn. 14 b, 1. Absatz, erwähnten Feststellung einer Längskraft, die über dem Gewölbe in der Dammschüttung gegen die Dammfüße zu wirkt.

Abb. 72 zeigt einen Damm, der ebenfalls in Teilen hergestellt wurde. Für den ersten Teil wurde angeblich Tegel verwendet. Schon beim Bau kam es zu Rutschungen, der Damm erhielt

[12] Entnommen aus Kögler-Scheidig, Baugrund und Bauwerk, 2. Auflage, S. 133. Ernst & Sohn, Berlin, 1938.

schwere Steinrippen und ist heute noch nicht zur Ruhe gekommen. Im Auslaufe des Doppeldurchlasses entstanden schon beim Bau Risse. Die an der Leibung eingezogenen Schließen (Abb. 73) dürften nicht viel geholfen haben, sie sind im Laufe der Jahrzehnte zum Teil verrostet und heruntergefallen. Die in der Schlauchmitte entstandenen Risse dürften durch das Einpressen des Durchlasses in den Untergrund entstanden sein. Durch die spätere Dammverbreiterung wurde aber der Durchlaß wieder geradegestreckt (vgl. Abb. 71 a). Daher sind diese Risse ziemlich gleich breit. Die Durchlaßverlängerung beim Auslauf anläßlich der Dammverbreiterung wurde schon in Ringen hergestellt, hier sind keine Risse mehr aufgetreten. Beim Einlauf wurde die Böschung verflacht, der Durchlaß wurde nicht verlängert, sondern seine Stirnmauer wurde erhöht. Als Folge dieser Erhöhung sind beim Einlauf Risse im Scheitel parallel zum Gleis entstanden (vgl. Abschn. 14 d). Bei diesem Durchlaß sind also die Risse auf drei verschiedene Ursachen zurückzuführen, obwohl sie sich recht ähnlich sehen.

Auch bei diesem Durchlaß kann man nicht von einer Verminderung der Betriebssicherheit sprechen (vgl. Abschn. 13 a), das ergibt sich auch daraus, daß die Risse jahrzehntelang fast unverändert geblieben sind.

d) Abtrennen der Stirnringe bei Neubauten.

Bei einer Betonbrücke sind dreiviertel Jahre nach der Betriebseröffnung die Stirnringe abgerissen (Abb. 74 a)[13]. Wenn ein solcher Schaden so bald nach der Fertigstellung des Bauwerkes auftritt, dann muß man auf einen Entwurfs- oder Ausführungsfehler schließen. Der Erddruck auf die Stirnwand erzeugt im Gewölbe ein Drehmoment und eine Längskraft H senkrecht zum Gleis. Die Stirnmauern sind hoch, das Gewölbe sehr dünn, unbewehrt, es war noch dazu aus einem minderen Beton. Die Resultierende fällt außerhalb der Vorderkante, ergibt also ein hohes Drehmoment. Die Überschüttung wird durch die Verkehrslast keilförmig zwischen die Stirnwände hineingepreßt und -gehämmert. Sobald also die Stirnringe abgerissen waren, wurden sie durch diese Keilwirkung noch mehr auseinandergetrieben. Das Gewölbe hätte senkrecht zum Gleis zur Aufnahme der Längskraft H und des Drehmomentes ordentlich bewehrt werden oder man hätte, wie bei alten Bauwerken, eine starke Hintermauerung machen müssen. Während Gewölbe und Widerlager in der Richtung des Gleises mit allen Feinheiten berechnet wurden, um ein möglichst schlankes Gewölbe zu bekommen, hat man sich, ähnlich wie beim Lehnendurchlaß der Abb. 67 a, um den Erddruck senkrecht zum Gleis gar nicht gekümmert.

---

[13] Zentralblatt der Bauverwaltung **37**, 137, 579 (1917), und **38**, 235 (1918).

Derselbe Entwurfsfehler wird gemacht, wenn ein Damm verbreitert werden soll und man der Einfachheit halber nicht den Durchlaß verlängert, sondern seine Stirnmauern erhöht (Abb. 72 beim Einlauf und 74 b). Nicht nur der Erddruck, sondern auch sein Hebelarm werden vergrößert und dadurch wird die schon vorhandene Biegebeanspruchung des Gewölberohres stark erhöht. Selbst in guten Quadergewölben können dann Risse parallel zum Gleis entstehen (Abb. 74 b), die vom Scheitel ausgehen.

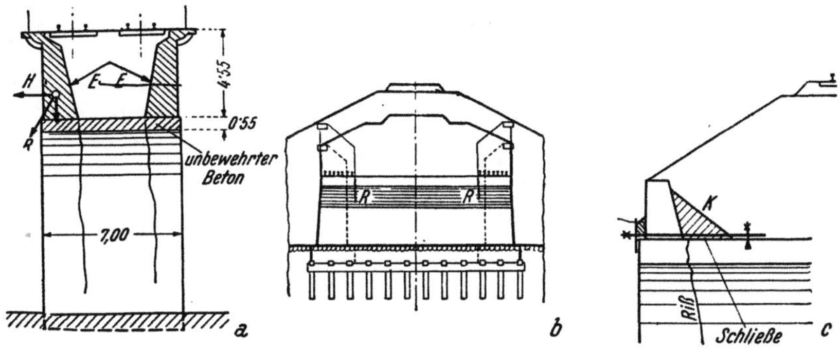

Abb. 74. Abtrennen der Stirnringe: *a* als Folge zu hoher Stirnmauern bei einem Neubau (aus Zentr. Bl. der Bauverw. 1917) und *b* bei einer nachträglichen Dammerhöhung; *c* Sicherung durch Schließen und Ausbetonieren der Kehle *K*.

Betriebssicherheit: Eine Gefährdung des abgetrennten Stirnringes durch lotrechte Kräfte ist nicht eingetreten, die Gewölbewirkung parallel zum Gleis bleibt weiterhin bestehen (vgl. Abschn. 13 a). In Abb. 74 a versteift die Stirnmauer den Stirnring und in Abb. 74 b ist die Auflast des Stirnringes immer noch viel kleiner als die des übrigen Gewölbes. Aber für die waagrechte Kraft besteht keine Gewölbewirkung, sondern man hat es mit einem gekrümmten Balken zu tun, der auf Biegung beansprucht ist und gleichzeitig unter Druck steht (Abb 63 b). Würde bei einem Bauwerk mit geringer Hintermauerung (Abb. 74 a) oder großer Überschüttung (Abb. 74 b) der Stirnring ganz hinausgedrückt, so würde die Überschüttung nachsinken und das Gleis in der Luft hängen. Man muß die Risse gut beobachten. Solange sie sich auf den Scheitel beschränken (Abb. 74 b), besteht keine Gefahr. Wenn aber die Risse sich bis in die Widerlager erstrecken (Abb. 74 a) und immer breiter werden, muß man das Bauwerk sichern.

e) Abtrennen oder Verdrehen der Stirnringe bei alten Gewölben.

Die Stirnringe werden aber auch bei solchen Gewölben abgetrennt, die im Scheitel nur ein schwaches Schotterbett haben (Abb. 75), so daß an dieser Stelle von einem Erddruck auf die Stirnmauern keine Rede sein kann. Diese Risse treten erst nach vielen Jahrzehnten des Bestandes auf, dann aber ziemlich regelmäßig in Ziegelgewölben, seltener in Quadergewölben. Sie sind eine Folge

1. der Steifigkeit des Stirnringes,
2. der verminderten Festigkeit des Mauerwerkes,
3. der Verkehrslast.

Zu 1. Der Stirnring ist durch die Stirnmauer und durch die Brüstung versteift und kann sich daher viel weniger durchbiegen als das anschließende Gewölbe, aus dem ganz einfachen Grunde, weil er viel höher ist. Das Mißverhältnis wird noch größer, wenn das Gewölbe aus Ziegeln besteht, der Stirnring aber aus Quadern, oder wenn er bei Instandsetzungsarbeiten durch Beton ersetzt wurde oder wenn das Gewölbe durch eine nachträglich vorgesetzte Verkleidung geschwächt wurde (Abb. 75 b).

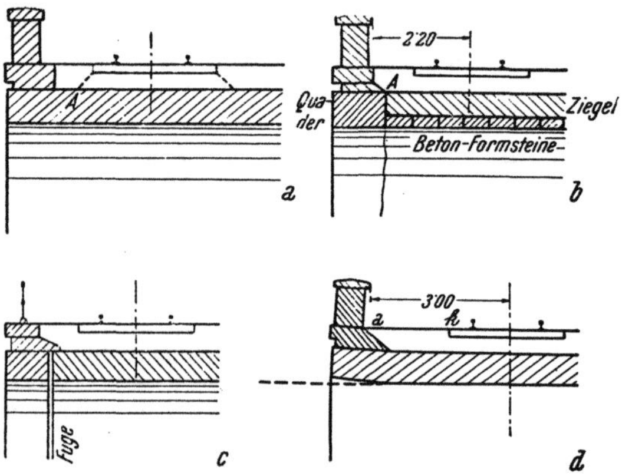

Abb. 75. *a* Die Verkehrslast wirkt nicht unmittelbar auf den Stirnring; *b* Abreißen und *d* Verdrehen der Stirnringe bei alten Gewölben; *c* entwurfsmäßiges Abtrennen des Stirnringes bei Neubauten.

Zu 2. In altem Mauerwerk hat die Festigkeit gegen Biegen und Abscheren häufig sehr nachgelassen, wenn der Mörtel ausgelaugt wurde oder verwittert ist. Der Stirnring ist, wie schon im Abschn. 11 hervorgehoben, durch die Stirnmauer und die Brüstung gegen eindringendes Wasser besser geschützt als das danebenliegende Gewölbe, er wird weniger ausgelaugt. Besteht der Stirnring aus Quadern, so sinkt er selbst bei gleicher Mörtelarmut weniger ein als das benachbarte Ziegelgewölbe (vgl. Abschn. 11 und Abb. 52).

Zu 3. Die Verkehrslast endlich wirkt überhaupt nicht unmittelbar auf den Stirnring (Abb. 75 a), sondern nur auf den unter den Schwellen liegenden Gewölbeteil, und außerdem ist, wie schon im Abschn. 14 a hervorgehoben, die Verkehrslast senkrecht zum Gleis keineswegs gleichförmig verteilt (Abb. 65).

Aus diesen drei Gründen biegt sich der Stirnring weniger durch als das anschließende Gewölbe. Er wird von diesem nur mitgenommen. Die Beanspruchung an der Stelle *A* (Abb. 75 a und b) ist ziemlich groß. Es können drei verschiedene Erscheinungen auftreten, nämlich:

α) Der Stirnring wird abgeschert (Abb. 75 b und Riß *2* in Abb. 57 c), β) der Stirnring wird nur verdreht (Abb. 75 d),

γ) der Stirnring löst sich von der darüberliegenden Stirnmauer ab (wird in Abschn. 18 b behandelt, Abb. 95).

Zu α) Bei alten Gewölben wird häufig die Festigkeit bei *A* überwunden (Abb. 75 b und 76) und es entsteht ein Riß im Scheitel oder in den Viertelpunkten, der sich immer mehr verlängert und schließlich bis zu den Kämpfern oder selbst in die Wider-

Abb. 76 a.

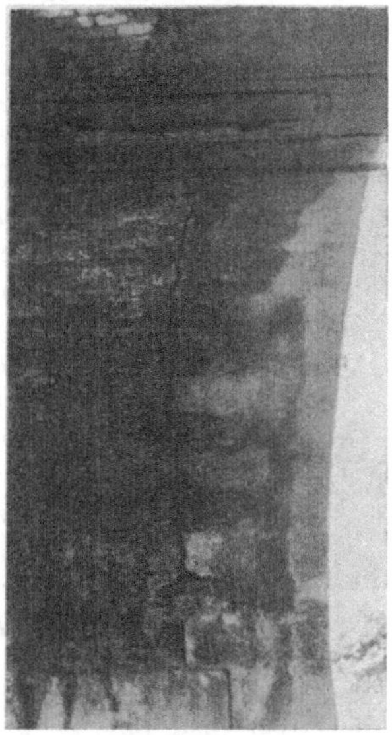

Abb. 76 b.

Abb. 76 a und b. Stirnringabtrennungen in der 1839/40 erbauten Badener Brücke (vgl. Abb. 34 und 35).

lager hineinreichen kann. In einem solchen Falle liegt dann manchmal der Scheitel des Gewölbeteiles unter den Schwellen etwas tiefer als der Scheitel des Stirnringes.

Bestehen die Stirnkränze aus Quadern, so bilden sich die Risse gewöhnlich hinter den Bindern (Abb. 76). Es kommen aber auch Risse unmittelbar hinter den Läufern vor, so daß die Binder abgeschert werden. Diese über 100 Jahre alte Bogenreihe mit vielen Stirnringabtrennungen, jedoch hoher Hintermauerung wird durch Jahrzehnte ohne besondere Sicherung und mit voller Geschwindigkeit befahren, obwohl einige Stirnringabrisse sich im unteren Teile der Stirne nähern (Abb. 76 a). In großen Zeitabständen wurden die Leibungen nach der Schalenbauweise (vgl. Abschn. 4 und 5) neu verkleidet, was sich aber nicht als eine Maßnahme von dauerndem Wert erwiesen hat.

An der ursprünglich zu schlank gebauten Ziegelbrücke über den Unteren Adlitzgraben zeigten sich bald nach Betriebseröffnung im Jahre 1854 verschiedene Schäden, darunter nach der alten Darstellung in Abb. 28, links oben, auch Stirnringabtrennungen, die man damals auf die Fliehkraft zurückführte. Daher erhielten einige Pfeiler an der Bogenaußenseite kräftige Strebepfeiler. Die Fliehkraft kann aber nicht maßgebend gewesen sein, denn einige weitere Strebepfeiler wurden erst nach Jahrzehnten dazugebaut und ein Pfeiler ist heute noch ohne Strebepfeiler. Die Ursachen dieser ersten Stirnringabtrennungen werden auch hier, wie in Abschn. 14 d und bei Abb. 74 a besprochen, darin zu suchen sein, daß das erste Gewölbe viel zu dünn und die Stirnmauer hoch war. Als anläßlich einer zweiten Verstärkung im Jahre 1937/38 die Gewölbetröge ganz ausgeräumt worden waren, zeigten die meisten Stirnmauern an der Hinterseite lotrechte Abtrennungen (Abb. 77). An diesem Bauwerk traten somit nacheinander zwei gleiche, aber aus verschiedenen Ursachen zu erklärende Erscheinungen auf, nämlich zunächst im Neubau die Abtrennung der Stirnringe als Folge einer ungenügenden Bemessung (vgl. Abschn. 14 d) und sodann Jahrzehnte nach der ersten Verstärkung die Stirnringabtrennungen als Alterserscheinung (nach Abschn. 14 e).

Abb. 77. Nach dem Ausräumen des Gewölbetroges sieht man, daß die Stirnmauer abgetrennt ist. Links Gewölberücken mit dem Besen, rechts Stirnmauer (Adlitzgraben, vgl. Abb. 18, 28 und 99).

Die Betriebssicherheit der Stirnringabrisse ist nach Abschn. 13 a und d zu beurteilen, d. h. sie ist meist nicht gefährdet. Es muß immer darauf verwiesen werden, daß man wiederholt, um eben spätere wilde Risse zu vermeiden, die Stirnringe schon bei Neubauten vom übrigen Gewölbe abgetrennt hat (Abb. 75 c). Dies ist z. B. bei der Wiener Stadtbahn geschehen (abgesehen von den in scharfen Bogen liegenden Gleisen). Der Leitgedanke war, daß man eine Baufuge ordentlich abdecken kann; ein wilder Riß sieht nicht nur unschön aus, sondern es läuft auch manchmal Wasser durch und verursacht schwere Frostschäden an der Leibung.

Wie schon in den Abschn. 4, 14 b und d hervorgehoben, muß bei der Beurteilung der Betriebssicherheit beachtet werden, ob bei einem etwaigen Abstürzen des Stirnringes das Schotterbett nachsinken kann oder nicht. Die alten Durchlässe sind gewöhnlich — ganz im Gegensatz zu Abb. 74 a — auch noch über den Widerlagern hoch übermauert, das Gleis kann nicht absinken. Der abgerissene Stirnring ist einfach aus der Übertragung der Verkehrslast ausgeschaltet und hat nur mehr sich selbst zu tragen.

Während die Stirnringabtrennungen bei Gewölben mit schwachem Schotterbett nach Abb. 75 b außerordentlich häufig sind, kommen sie bei Durchlässen unter hohen Dämmen nur sehr selten vor. Dort werden in der Regel nicht die im ersten Absatz dieses Abschnittes angegebenen drei Gründe die Ursache sein. Die Verkehrslast spielt hier überhaupt keine Rolle, Mörtelauslaugungen sind in dieser Tiefe gewöhnlich nur gering und der Stirnring hat keine besonderen Aufbauten. Wenn ein solcher Stirnring abgetrennt ist, so kann Einpressen des Gewölberohres in den Untergrund vorliegen (vgl. Abschn. 14 c und den rechten Auslauf im

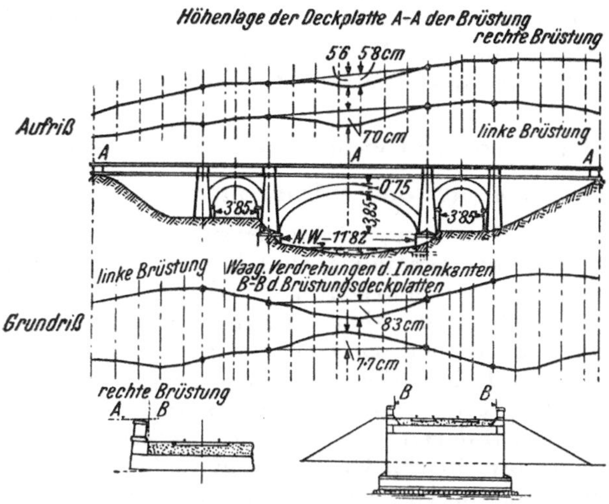

Abb. 78. In der Mittelöffnung der Triestingbrücke ist der Scheitel durchgesackt (die beiden oberen Linien), die Deckplatten der Brüstungen haben sich genähert (zwei Linienzüge in der Mitte), weil sich die Stirnringe verdreht haben (vgl. Abb. 101).

Längsschnitt der Abb. 70)[14] oder das Abdrücken des Stirnringes bei einem Lehnendurchlaß (vgl. Abschn. 14 b und Abb. 66 und 67). Das muß fallweise untersucht werden.

Eines sollte man aus dem Abtrennen der Stirnringe lernen. Wird bei einem alten Ziegelgewölbe der abgerissene Stirnring abgetragen und in Beton erneuert und an das Ziegelgewölbe anbetoniert, dann kann man nicht erwarten, daß der zunächst gute Anschluß von Dauer sein wird. Weil der Betonring steif und das Ziegelgewölbe weich ist, werden sie sich im Laufe der Zeit wieder voneinander trennen. Man soll gleich eine Fuge nach Abb. 75 c machen und diese gut abdecken.

Zu β). Liegt das Gleis in großer Entfernung vom Stirnring, so steht für den Ausgleich der verschiedenen Durchbiegungen des Stirnringes und des übrigen Gewölbes ein großer Abstand (*a k* in Abb. 75 d) zur Verfügung. Der Stirnring trennt sich nicht mehr

[14] Beispiele auch bei Passer, Bautechnik **19**, 453 (1941).

ab. Es kann aber vorkommen, daß er im Scheitel verdreht wird, was sich durch Schiefstellung der Brüstung äußert.

Diese Erscheinung zeigt Abb. 78 an der Mittelöffnung einer über 100 Jahre alten Ziegelbrücke über die Triesting. Der Scheitel hat sich infolge Mörtelauslaugung gesenkt (vgl. auch Abb. 101) und wahrscheinlich wurde auch die Leibung nach der Schalenbauweise erneuert (vgl. Abschn. 5). Die Stirnringe bestehen aus Quadern, sind daher viel steifer, sie haben sich aber nicht vom übrigen Gewölbe abgetrennt. Da sich die Parallelflügel auch schon stark verformt haben, glaubt man, eine Girlande aus Mauerwerk vor sich zu sehen, wenn man der Brüstung entlang sieht. Über die Sicherung des Gewölbes gegen Risse vgl. Abschn. 21 d und Abb. 101.

15. Ursachen der Gewölberisse senkrecht zum Gleis.

a) *Auslaugen des Mörtels aus dem Gewölbe.*

Die damit verbundene Scheitelsenkung ist in Abschn. 11 besprochen. Als Folgeerscheinung sind in der Nähe des Scheitels in der Leibung Zugrisse senkrecht zum Gleis zu erwarten. In Wirklichkeit sind solche Risse aber überhaupt selten, und wenn sie in Ziegelgewölben auftreten, dann erstrecken sie sich gewöhnlich, wie schon im Abschn. 13 b erwähnt, gar nicht bis in die Stirnringe hinein (Beispiel Riß *1* in Abb. 58). Der Grund dafür ist in dem in Abschn. 11 geschilderten verschieden starken Durchsacken der Stirnringe und des übrigen Gewölbes zu suchen (Abb. 52 a).

Gelegentlich kommt es vor, daß aus dem Scheitel einzelne Ziegel oder Quadern heruntersinken. Sofern es sich bei Ziegelgewölben nicht um einen Schalenbau handelt (vgl. Abschn. 5 c und Abb. 29), ist es denkbar, daß die senkrecht zum Gleis liegenden Fugen durch das Sinken des Scheitels gelockert wurden. Durch das ständige Hämmern der Verkehrslast werden die Steine schließlich heruntergeschlagen. Gefährlich ist ein solcher Zustand selbstverständlich nicht, es tritt nur — wie bei einer absichtlich gemachten Aussparung — eine Spannungserhöhung in dem betreffenden Querschnitt ein.

b) *Ausweichen der Kämpfer nach außen.*

Abb. 79, die zwar keine Brücke, sondern nur einen ländlichen Hochbau darstellt, möge als Musterbeispiel für die Wirkung des Bogenschubes dienen, der die oberen Teile des Widerlagers über die unteren hinwegschiebt. Dieser Beanspruchung auf Zug und Abscheren ist der minderwertige Mörtel nicht gewachsen, daher die vollständige Lostrennung des oberen äußeren Widerlagerteiles vom unteren inneren Teil.

Beim Ausrüsten der Gewölbe, also bei Neubauten, weichen manchmal die Widerlager nach außen aus[15], womit ein Sinken des

[15] Koch und De Ginder, Der Bauingenieur 7, 750 (1926).

Scheitels und eine Verlagerung der Drucklinie bzw. eine Änderung der Spannungen aus ständiger Last verbunden sind, was aber noch nicht zu Zugrissen an der Leibung führen muß.

Bei Bogenreihen aus Beton kann man verhältnismäßig häufig in der Nähe des Scheitels der Endfelder einen oder zwei Risse senkrecht zum Gleis feststellen (Abb. 87, links).

Wenn in einem hohen Damm eine lange Bogenreihe hergestellt und der Damm erst nach Fertigstellung der Bogenreihe geschüttet wird, so kann durch die große Erdlast eine Senkungsmulde entstehen, die gegen die Mitte der Bogenreihe ausläuft (vgl. Abschn. 17, Abb. 94). Verdreht sich dabei das Endwiderlager nach außen, so wird das Gewölbe der ersten Öffnung gestreckt und bekommt im Scheitel einen Riß senkrecht zum Gleis. In einem solchen Falle wird man das erste Gewölbe als Dreigelenkbogen ausbilden oder das erste Gewölbe erst nach vollzogener Dammschüttung einbauen.

Abb. 79. Wirkung des Bogenschubes bei einem ländlichen Hochbau. In beiden Widerlagern sind die unwirksamen Teile abgetrennt.

Ein Ausweichen der Widerlager nach außen nach längerem Bestande des Bauwerkes ruft den passiven Erdwiderstand des anschließenden Dammkörpers hervor und tritt deshalb wahrscheinlich nur selten auf. Tatsächlich haben alle alten Bahndurchlässe zu schwache Widerlager, ohne daß deshalb auch bei solchen mit Böschungsflügeln Schäden aufgetreten wären.

Hingegen ist die folgende Erscheinung bei Talübergängen mit einer stählernen Mittelöffnung und beiderseits anschließenden Bogenreihen (Abb. 80) ziemlich regelmäßig zu erwarten. Die Köpfe der hohen talseitigen Endpfeiler, auf denen das stählerne Tragwerk liegt, nähern sich einander. Die Lichtweite der anschließenden Gewölbe wird vergrößert, die Scheitel sinken und bekommen in der Leibung Risse senkrecht zum Gleis. Die Bewegung der nächsten Pfeiler und Gewölbe in derselben Richtung klingt rasch ab. Die Ursache der Pfeilerbewegung ist nicht beim Stahltragwerk zu suchen[16], sondern in der natürlichen Verformung der durch einseitigen Gewölbeschub belasteten Endpfeiler. Nach Abb. 80 b war diese Verformung bei der Trisannabrücke während des Baues und unmittelbar nachher am größten. Es blieb eine gewisse Nachwir-

16 Örley, Schweiz. Bauzeitung **78,** 220 (1921), und **76,** 101 (1920). Die gleichen Erscheinungen zeigen sich an der Sitterbrücke: Schweiz. Bauzeitung **80,** 199 (1922).

kung bestehen. Das Schaubild zeigt außerdem kleine Schwankungen, die auf den Wärmewechsel zurückzuführen sind, d. h. die Pfeilerköpfe bewegen sich je nach der Jahreszeit gegen das Tal und wieder zurück.

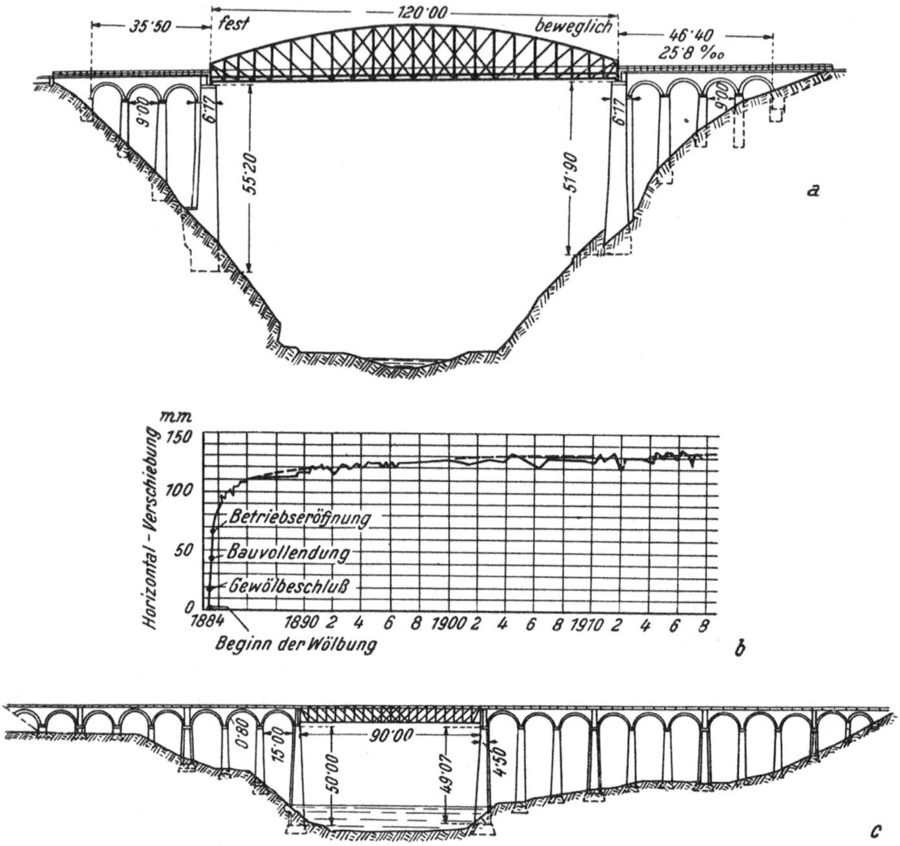

Abb. 80. Die Köpfe der talseitigen Endpfeiler nähern sich, die Lichtweite des Stahltragwerkes wird verringert.
a und *b* Trisannabrücke (Schweiz. Bauztg. 1921); *c* Rheinbrücke bei Eglisau (Verringerung der Spannweite der Hauptöffnung von 1887 bis 1921 um 240 mm, Schweiz. Bauztg. 1922).

B e t r i e b s s i c h e r h e i t : Aus den eingespannten Gewölben der Abb. 80 sind Gewölbe mit Gelenken entstanden, ihre Sicherheit ist nach Abschn. 13 b nicht viel kleiner geworden. Maßgebend sind nicht die Gewölbe, sondern die Endpfeiler. Da ihre Verformung schon zu einer Zeit eingesetzt hat, als der Mörtel wahrscheinlich noch weich war, lassen sich die in ihnen entstandenen Zusatzspannungen nicht genau berechnen. Solche Veränderungen müssen schon wegen der Größe der Bauwerke sehr sorgfältig beobachtet werden. Bei der Trisannabrücke hat man in die Gewölberisse Zementmörtel eingepreßt und auf jede weitere Sicherung — etwa Zusammenfassung der beiden letzten Pfeiler zu einem gemeinsamen Standpfeiler — verzichtet. Bei der Rheinbrücke bei Eglisau (Abb. 80 c) wurden an das Tragwerk Gewichte angehängt, die die Pfeiler mittels einer Hebelvorrichtung zurückdrücken sollen.

c) Verdrehen der Widerlager nach innen.

Verdrehungen der Widerlager treten auch noch bei alten Brükken auf, bei der 1854 vollendeten Ziegelbrücke über den Halzlgraben (Abb. 81 und 82) erst nach sehr langem Bestande. Das bergseitige Widerlager wurde nach innen verdreht und dadurch

Abb. 81. Das bergseitige Widerlager wurde nach innen verdreht und dadurch der Gewölbescheitel hinaufgedrückt. Die Bewegung ist am Gesimse und an der Brüstung erkennbar (Halzlgraben, vgl. Abb. 4, 5 und 82).

der Gewölbescheitel hinaufgedrückt. Zugrisse im Gewölberücken waren selbstverständlich durch das Gleis verdeckt, sie wurden erst später beim Umbau festgestellt. Zerstörungen durch Druck an der Leibung waren von den starken Verwitterungsschäden (Abb. 4 und 5) nicht zu unterscheiden. Daß die Brüstung nach oben gedrückt war (Abb. 82), wurde nicht weiter beachtet. Nur durch das ständige Aufsteigen des Oberbaues wurde man darauf aufmerksam, daß etwas nicht in Ordnung sein könne. Aus einem eingespannten Gewölbe war ein Gewölbe mit einem unvollkommenen Scheitelgelenk entstanden. Die Betriebssicherheit der oben liegenden Eisenbahn war nach Abschn. 13 b nicht gefährdet, die Brücke ist auch dauernd mit voller Geschwindigkeit befahren worden. Sie ist überhaupt nur wegen der Gefährdung des Straßenverkehrs durch herabfallende Ziegel (vgl. Abschn. 2 c) umgebaut worden, und zwar wurde in die lichte

Abb. 82. Brüstung der Abb. 81, in Gleishöhe gesehen.

Abb. 83. Das bergseitige Widerlager wandert gegen das Gleis.

Öffnung des alten Bauwerkes ein geschlossener Stahlbetonring eingebaut.

Ein anderes Beispiel für eine ähnliche Erscheinung bei einer Feldwegbrücke bringen die Abb. 83 und 84. Die Verschiebung des bergseitigen

Abb. 84.

Abb. 85.

Abb. 84. Der Gewölbescheitel ist hinaufgedrückt und zerstört.

Abb. 85. Das Gewölbe ist senkrecht zum Gleis durchgerissen, weil die Widerlager von den anschließenden langen Stützmauern nicht abgetrennt sind.

Widerlagers betrug schließlich etwa 30 cm und die Zerstörung war so groß, daß man durch die Risse im Scheitel durchsehen konnte. Die Brücke wurde umgebaut.

d) Entwurfsfehler.

Gegen die in der Berechnung angenommene starre Einspannung der Gewölbe in die Widerlager sprechen theoretische Überlegungen[17]. Die Widerlager müssen sich etwas verdrehen. Kleine Gewölbe sind gegen eine Verhinderung der Beweglichkeit sehr empfindlich. Abb. 85 zeigt einen Durchlaß, dessen Widerlager mit den anschließenden, sehr langen Stützmauern fest verbunden sind. Es fehlt jede Dehnfuge. Die Natur hat sich selbst eine geschaffen,

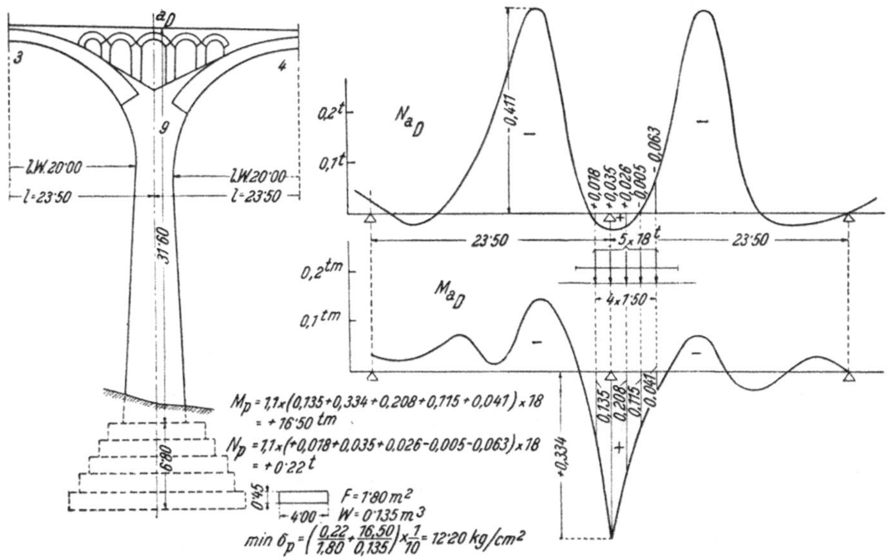

Abb. 86. Aus Modellmessungen gewonnene Einflußlinien für den Scheitel a_D der Sparöffnungen einer Bogenreihe mit sechs Feldern, von denen nur zwei Felder dargestellt sind. Im Scheitel entstehen große Zugspannungen.

selbstverständlich an der Stelle des geringsten Widerstandes, und das ist in diesem Falle die Umgebung des Gewölbescheitels, wo das Bauwerk senkrecht zum Gleis durchgerissen ist. Gefährlich sind solche Risse selbstverständlich nicht, man hätte von vornherein die Widerlager von den Stützmauern abtrennen müssen.

Die alten Talübergänge aus Ziegel- oder Bruchsteinmauerwerk in Kalkmörtel haben keine Dehnfugen, auch wenn sie mehrere 100 m lang sind. Sie waren auch nicht notwendig, wobei davon abgesehen werden möge, daß die Natur sich vielfach selbst geholfen hat. Bogenreihen aus Beton wurden anfangs ebenfalls ohne Fugen hergestellt, die Monolithät wurde als besonderer Vorzug der Betonbauweise hingestellt. Es gab wilde Risse, die häufig als gefährlich

[17] Kern, Bauingenieur 3, 528 (1922).

angesehen wurden und die Betonbauweise zunächst in Verruf brachten, bis man das Schwinden des Betons erkannt hatte und in den Bauwerken Dehnfugen vorsah.

Besonders empfindlich sind die Scheitel der Sparöffnungen über den Pfeilern. An dieser Stelle entsteht — ganz ähnlich wie beim durchlaufenden Balken — schon vom Eigengewicht der Brücke eine große Zugspannung, die durch die Verkehrslast noch vermehrt wird, wie aus Modellmessungen gewonnene Einflußlinien zeigen (Abb. 86). Da beim Beton noch das Schwinden hinzukommt, sind die Risse senkrecht zum Gleis in den Scheiteln der

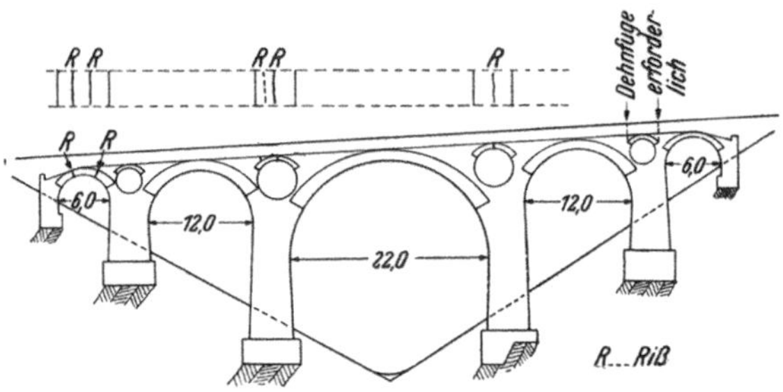

Abb. 87. Brücke aus unbewehrtem Stampfbeton. Risse senkrecht zum Gleis in den Gewölben der ersten Öffnung und der Ochsenaugen.

Ochsenaugen der Abb. 87 aufgeklärt. Es entsteht eine Gelenkwirkung, soweit sie nicht durch die Stirnmauer verhindert wird. Die Betriebssicherheit ist nach Abschn. 13 b nicht gefährdet. Man hätte im Scheitel von vornherein eine Fuge vorsehen oder das Gewölbe des Ochsenauges von der Übermauerung der großen Gewölbe durch Dehnfugen abtrennen müssen (Abb. 87, rechts).

e) Ausführungsfehler.

Schlanke Gewölbe (Abb. 88) biegen sich unter der Verkehrslast verhältnismäßig stark durch. Eine durchlaufende Fahrbahn muß kräftig bewehrt oder in freiaufliegende Balken zerlegt werden. Im Entwurf hatte man sich für die zweite Lösung entschieden, an der Baustelle aber die über den Stützen vorgesehenen Fugen nicht ausgeführt. Dann entstanden Risse über den Stützen. Im Gewölbe hat sich eine Art unvollkommenes Gelenk ausgebildet, ein Zustand, der schon seit Jahrzehnten besteht und als ungefährlich anzusehen ist, wobei freilich nicht übersehen werden darf, daß es sich um eine leichte Feldwegbrücke mit geringen Verkehrslasten handelt.

In den Bedingnissen werden für Betongewölbe Arbeitsfugen senkrecht zur Leibung vorgeschrieben. Da sie eine Schalung erfordern, sind sie bei den Unternehmern nicht beliebt, und wenn die Bauleitung nachlässig ist oder es selbst nicht besser versteht,

Abb. 88. Stahlbetongewölbe von 18 m Lichtweite. Risse in der Fahrbahn über den Stützen und Riß im Gewölbe senkrecht zum Weg.

dann werden die Arbeitsfugen schief gemacht. Der Beton schwindet und die Arbeitsfugen öffnen sich. Die Betriebssicherheit ist nach Abschn. 13 b zu beurteilen.

Das Betongewölbe der Abb. 89 gehört zu einem Talübergang mit vielen Öffnungen, bei denen keine Dehnfugen vorgesehen waren (vgl. Abschn. 15 d). Mehrere Gewölbe ha-

Abb. 89.

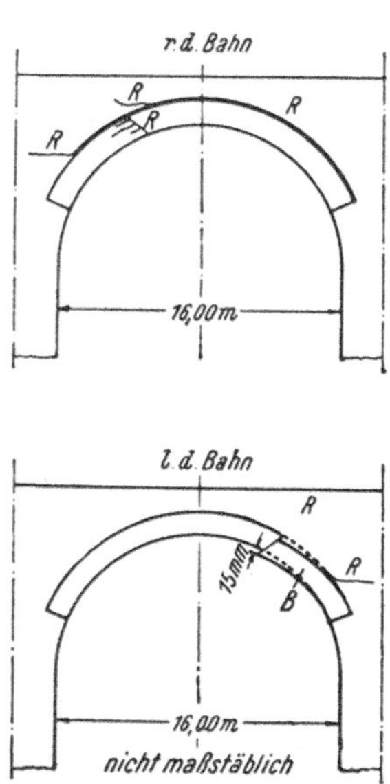

Abb. 90.

Abb. 89. Talübergang aus Beton ohne Dehnfugen. Eine schräge Arbeitsfuge im Gewölbe hat sich geöffnet.

Abb. 90. Die schräge Arbeitsfuge des Betongewölbes hat sich geöffnet, das Gewölbe hat sich von den Stirnmauern fast ganz abgelöst, ein Gewölbeschenkel ist schon etwas gesunken. Der Zustand ist betriebsgefährlich.

ben sich an den Stellen des kleinsten Widerstandes, das sind die Arbeitsfugen, geöffnet. Die Stirnmauern zeigen keine Schäden, daher hat man sich auf das Beobachten der Risse beschränkt.

Beim Talübergang der Abb. 90 waren schon Dehnfugen über den Pfeilern vorgesehen. Ob sie nicht arbeiteten, ist nicht festgestellt worden. Im Gewölbe hat sich die schräge Arbeitsfuge geöffnet, das Gewölbe hat sich von einer Stirnmauer ganz, von der anderen zur Hälfte abgelöst. Die Betonierfugen in den Stirnmauern haben sich auch zum Teil geöffnet. Die Gewölbewirkung hat ganz aufgehört. Nach Abschn. 13 b liegen zwei Konsolträger vor, von denen der kürzere schon etwas heruntergesunken ist. Wenn die beiden Gewölbeschenkel noch weiter heruntergedrückt werden, sinkt das Schotterbett mit dem Gleis nach. Das ist wirklich ein betriebsgefährlicher Zustand. Es wurde eine stählerne Hilfsbrücke eingelegt, die auf den Pfeilern aufruht und so das Gewölbe für den Betrieb ganz ausschaltet. Hätte man die Stirnmauern durch Stahleinlagen mit dem Gewölbe verbunden, wären vielleicht keine so weitgehenden Schäden entstanden.

f) Wirkung von Sprengbomben.

Der in Abb. 91 dargestellte Durchlaß ist 23 m lang, daher wurde das Gewölbe nicht im ganzen betoniert. Die Betonierfugen sind richtig ausgeführt. Bei einem Fliegerangriff wurde das Scheitelstück in seiner ganzen Länge, offenbar durch den Luftdruck, etwas gehoben und beim Niedersinken verdreht. Durch den Druck nach außen wurden auch in den Flügelmauern die Betonierfugen geöffnet.

16. Ursache von schiefen Rissen in Gewölben.

Wenn Risse, die der Hauptsache nach parallel zum Gleis verlaufen, eine schräge Richtung einnehmen (Abb. 57 d und e), so ist das wohl meist auf die durch das Alter bedingten Ungleichmäßigkeiten im Mauerwerk zurückzuführen oder auf örtliche Überbeanspruchungen, die durch ältere Verformungen oder Risse verursacht wurden. Es ist selbstverständlich, daß die Risse den Stellen des kleinsten Widerstandes folgen.

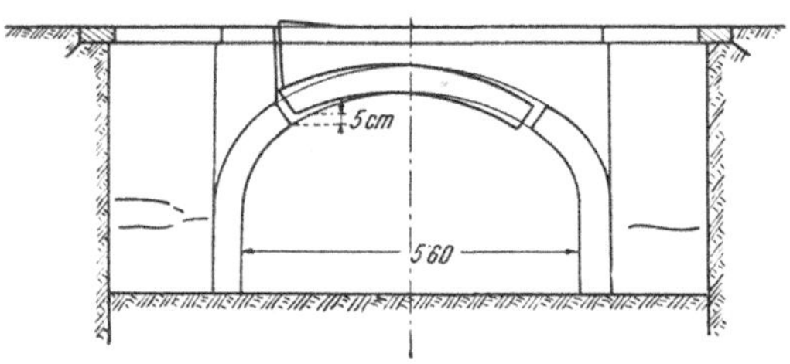

Abb. 91. Öffnen der Arbeitsfugen im Betongewölbe und in den Flügeln als Folge eines Fliegerangriffes.

Risse wie in Abb. 57 f und g sind äußerst selten. Da der zweite Durchlaß in einem unruhigen Gelände liegt, hat vielleicht eine teilweise Verdrehung des Bauwerkes stattgefunden. Eingehende Untersuchungen und Vermessungen, die eine Aufklärung bringen könnten, wurden auch hier nicht gemacht (vgl. Abschn. 1).

Nur sehr selten treten in einem Gewölbe gleichzeitig Risse parallel und senkrecht zum Gleis auf (Abb. 57 g). Wahrscheinlich spielen dann Bodenbewegungen mit (vgl. Abschn. 17).

Schiefe Risse treten verhältnismäßig häufig bei schiefen Gewölben auf (Abb. 57 h), wo sie durch Scheitelsenkungen und Verkürzungen der Bogenachse zu erklären sind. Denkt man sich ein schiefes Gewölbe im Scheitel längs der Erzeugenden SS aufgeschnitten (Abb. 92, Darstellung nach Buchheim und Heister) und die Bogenlänge um Δl verkürzt, dann bewegen sich die beiden Bogenhälften von M nach M_1 und M_2. Soll der Zusammenhang des Gewölbes wiederhergestellt werden, so müssen sich die beiden Gewölbehälften senken. Da sich aber die Punkte M_1 und M_2 in Ebenen senkrecht zu den Kämpfern K verdrehen müssen, kommen sie nicht mehr nach M zurück, sondern nach N_1 und N_2. Das heißt nichts anderes, als daß in der Geraden SS starke Schubspannungen herrschen, die zu Rissen senkrecht zu SS, das heißt schief zum Gleis führen können. Bei Beton wird selbstverständlich die Richtung der Risse durch die Reihenfolge des seinerzeitigen Betonierens sehr beeinflußt.

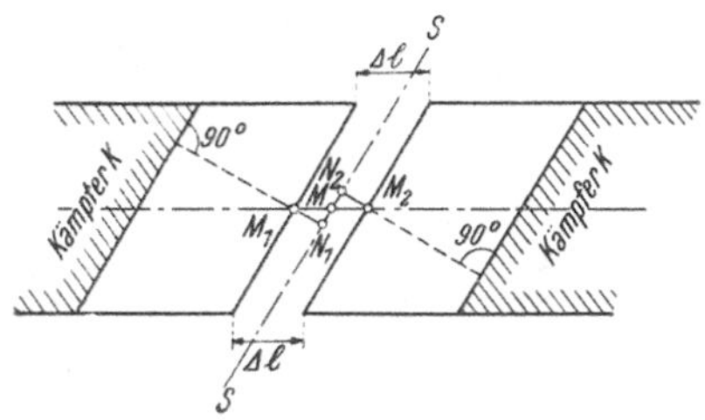

Abb. 92. Grundriß eines schiefen Gewölbes. Bei Verkürzung der Bogenachse treten im Scheitel SS Schubspannungen auf.

Bei einer sehr schiefen Brücke aus unbewehrtem Beton mit zwei Feldern wurden die Gewölbe in fünf Teilen hergestellt (Abb. 93). Die Betonierfugen B standen senkrecht zur Leibung. Infolge Schwindens haben sich nicht nur mehrere Fugen B, sondern auch einzelne Stampffugen S geöffnet. Außerdem sind durch die Bogenverkürzung Risse parallel und schräg zum Gleis entstanden. Zur Sicherung der Stampffugen S wurden viele Anker senkrecht zur Leibung eingesetzt, sodann wurden die Gewölbe nach dem Ausdehnungsverfahren behandelt.

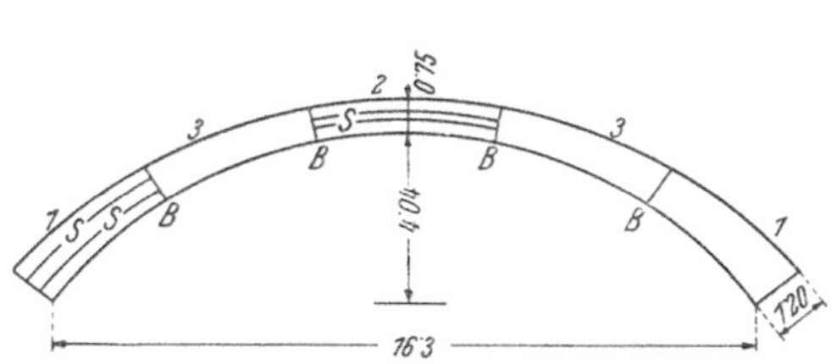

Abb. 93. Reihenfolge des Betonierens *1, 2, 3.*

17. Ungeeigneter Baugrund.

In den Baugruben der Pfeiler *IV* und *V* der Elbbachbrücke bei Willmenrod (Abb. 94) stieg die Sohle auf[18] und zwei in der Nähe

[18] Fliegelskamp, Zentralblatt der Bauverwaltung **7**, 250 (1887), und Lubbers, ebendort **16**, 310 (1896).

stehende Häuser bekamen Risse. Man zog daraus nicht die Lehre, daß ein solcher Baugrund für durchlaufende Gewölbe ganz unge-

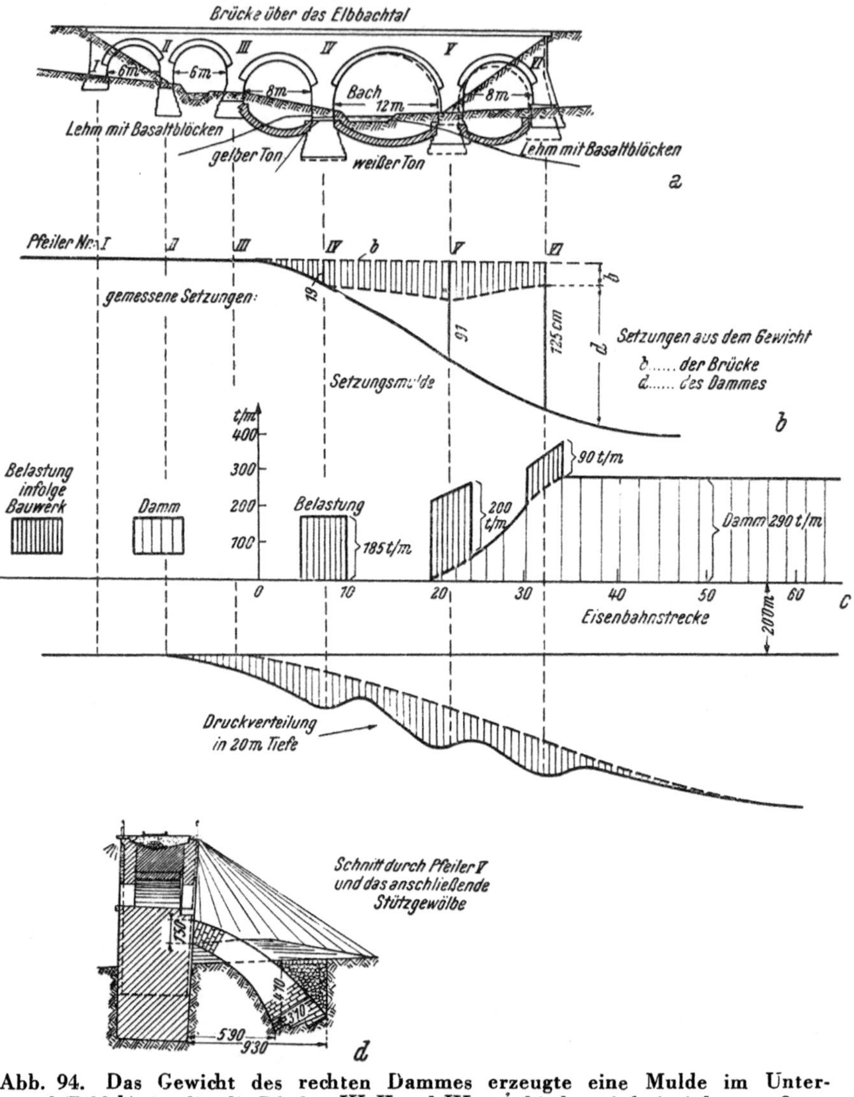

Abb. 94. Das Gewicht des rechten Dammes erzeugte eine Mulde im Untergrund (Bild *b*), in die die Pfeiler *IV*, *V* und *VI* verschieden tief einsinken mußten. Das Gewicht der Brücke ist gering im Verhältnis zum Dammgewicht (Bild *c*) und dementsprechend auch das Verhältnis der dadurch hervorgerufenen Setzungen. (Aus Bautechnik, 1936).

eignet ist, sondern glaubte, durch schnelles Arbeiten allen Schwierigkeiten entgehen zu können. Die Pfeiler *IV* und *V* setzten sich gleich nach dem Ausrüsten, aus den Bruchfugen im Gewölbe fielen

Steine heraus. Es wurde neu eingerüstet und alles instand gesetzt. Nach dem zweiten Ausrüsten fing auch Widerlager *VI* an, sich zu setzen. Man stellte die Dammschüttung ein, die sich diesem Widerlager genähert hatte.

Beim Pfeiler *V* betrug die Bodenpressung für ständige und Verkehrslast $4{,}0 + 0{,}5 = 4{,}5\ \mathrm{kg/cm^2}$. Daher baute man drei Sohlengewölbe ein, die aber die Pfeilerbewegungen nicht aufhalten konnten, als man die Dammschüttung gegen das Widerlager *VI* fortsetzte. Während Pfeiler *I*, *II* und *III* ruhig blieben, hatte sich das Widerlager *VI* bis zur Betriebseröffung um 125 cm gesenkt (Abb. 94 b).

Es waren Risse senkrecht zum Gleis und auch Risse parallel zum Gleis entstanden, da sich die Pfeiler auch nach außen verdrehten. Pfeiler *V* wurde durch einen Bogen senkrecht zum Gleis abgestützt (Abb. 94 d). Eine Stirnmauer wurde erneuert und mit der gegenüberliegenden durch kräftige Schließen verbunden. Zu bewundern ist die Beharrlichkeit, mit der schwerste Schäden immer wieder ausgebessert und der Betrieb aufrecht erhalten wurde.

Die Aufklärung dieser damals unverständlichen Erscheinungen brachte erst die neue Bodenmechanik[19]. Die Ursache der großen Senkungen liegt nicht im Gewicht des Bauwerkes, sondern im Gewicht des Dammes (Abb. 94 c). Dieser erzeugte in dem Maße, als sich die Schüttung dem Widerlager *VI* näherte, eine Mulde, die sich bis in die halbe Brücke erstreckte und in die die Pfeiler verschieden tief einsinken mußten. Die vom Gewicht der Brücke hervorgerufenen Senkungen sind viel kleiner und gleichmäßiger (Abb. 94 b). Die Verkehrslast spielt überhaupt keine Rolle.

18. Abtrennen der Gewölbestirnmauern.

a) Fugenbildung innerhalb der Stirnmauer.

Bei Gleislage im Bogen oder wenn die Schwellenköpfe nahe an der Stirnmauer liegen, werden manchmal die oberen Teile der Stirnmauern um einige Zentimeter hinausgedrückt, weil das alte Mauerwerk mörtelarm ist oder weil sich eine waagrechte Stampffuge im Beton geöffnet hat. Der untere Teil der Stirnmauer bleibt fest mit dem Gewölbe verbunden. Ein solcher Zustand ist selbstverständlich ganz unbedenklich, denn die Bewegungsmöglichkeit des Gleises ist sehr beschränkt (vgl. Abschn. 13 d).

b) Fugenbildung unterhalb der Stirnmauer.

Ein Absacken des Gewölbes unter der Stirnmauer, d. h. eine Fugenbildung nach Abb. 62 d, ist bei alten Brücken sehr selten. Es ist der dritte Fall des im Abschn. 14 e behandelten Verhaltens des Stirnringes. Abb. 95 zeigt ein Ziegelgewölbe mit Quaderverklei-

---

19 Leussink, Bautechnik 14, 636 (1936).

dung an den Stirnringen. Da das Gewölbe sehr stark ist und elliptische Form hat, kam es nach der starken Mörtelauslaugung nicht zu der in Abb. 75 b dargestellten Abtrennung des Stirnringes, sondern das Gewölbe ist unter der Stirnmauer weggesackt. Die Stirnmauer ist, wie am Gesimse und an der Deckplatte ersichtlich, auch ein Stück mitgesunken, aber weil sie viel steifer und viel weniger ausgelaugt ist, trägt sie sich nun wie ein Balken zum Teil selbst. Ihre Zugrisse entsprechen denen der Versuchsbalken aus Stahlbeton.

Abb. 95. Die Stirnmauer konnte der Scheitelsenkung nicht folgen. Das Gewölbe ist unter der Stirnmauer weggesackt.

Bei Betongewölben ist das Ablösen des Gewölbes gar nicht so selten, besonders bei schlanken Gewölben. Abb. 90 brachte schon ein Beispiel, zwei andere zeigen die Abb. 96 und 97. Der Gewölbescheitel sinkt infolge des Schwindens und Kriechens des Betons, aber nicht infolge des Auslaugens des Mörtels, wie bei den alten Gewölben in den

Abb. 96. Fugenbildung zwischen dem leichten Stahlbetongewölbe und der Stirnmauer.

Abschn. 11 und 14 e besprochen. Der Stirnring wird nicht wie in Abb. 75 b abgeschert, weil er durch die Verteilereisen mit dem übrigen Gewölbe verbunden ist. Die Stirnmauern sind nachträglich auf das erhärtete Gewölbe aufbetoniert worden, zwischen Gewölbe und Stirnmauer besteht kein besonderer Verbund außer der geringen Haftfestigkeit von frischem an altem

Beton. Die schlanken Gewölbe biegen sich leichter durch als die steifen Stirnmauern.

Beim Gewölbe der Abb. 97 kommt hinzu, daß die Fugen *F* in der Stirnmauer wahrscheinlich nicht geschützt sind. Im Sommer,

Abb. 97 a.

Abb. 97 b.

Abb. 97 a und b. Fugenbildung zwischen dem leichten Stahlbetongewölbe und der Stirnmauer. *F* Fuge, *R* Risse.

wenn der Scheitel aufsteigt, kommt Schmutz in die Fugen. Im Winter, wenn der Scheitel wieder sinkt, wird die Stirnmauer auseinandergedrückt, worauf das Öffnen der waagrechten Stampffugen in Abb. 97 a schließen läßt.

Da sich die Tragfähigkeit der Gewölbe der Abb. 96 und 97 nicht geändert hat und die Stirnmauern das Gewölbe nicht zu sichern haben (vgl. Abschn. 13 b), ist das Ablösen der Gewölbe von den Stirnmauern unbedenklich.

19. Verdrücken der Gewölbeform.

Ein Halbkreisgewölbe nimmt bei einer Scheitelsenkung eine elliptische Form an. Es sind jedoch bei Ziegelgewölben in starker Steigung Verdrückungen nach der Talseite hin festgestellt worden; zunächst bei einem Durchlaß von 3,8 m Lichtweite (Abb. 98), bei dem das Bogenviertel auf der Talseite um etwa 4 cm höher lag als auf der Bergseite.

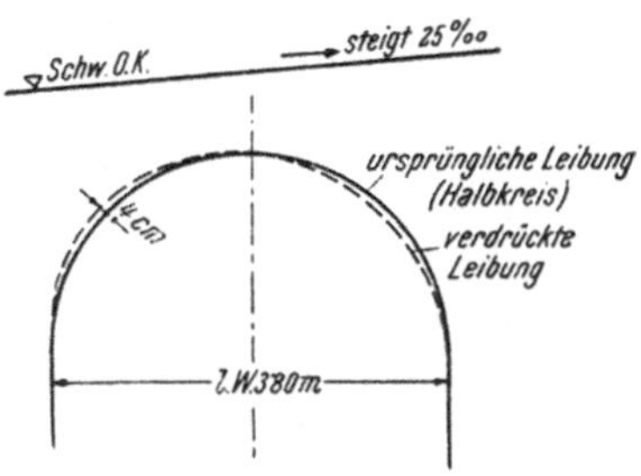

Abb. 98. Verdrückung des Halbkreisgewölbes aus Ziegeln nach der Talseite.

Als man die Brücke über den Unteren Adlitzgraben (Abb. 28) durch Einbau von Stahlbetongewölben unter den vorhandenen Gewölben ein zweites Mal verstärkte (vgl. Abschn. 5 b), wurden die Leibungen aufgemessen. Alle acht Öffnungen waren nach der Talseite zu verdrückt, die mit den stärksten Verdrückungen zeigt Abb. 99. In dieser Öffnung beträgt die

Stärke des dritten Gewölbes in den Viertelpunkten auf der Bergseite 75, auf der Talseite 109 cm, das ist fast um die Hälfte mehr.

Bei diesen beiden Brücken sind vor längerer Zeit die Leibungen abgeschlagen und nach der Schalenbauweise (vgl. Abschn. 5) erneuert worden. Es hat also mindestens vorübergehend eine starke Schwächung der Gewölbe stattgefunden, die zur Verformung beigetragen haben dürfte. Offenbar sind die ungleichmäßige Verteilung der ständigen Last, die Brems- und Anfahrkräfte von Einfluß. Bei durchlaufenden Bogen ergibt die Rechnung tatsächlich im Viertelpunkt der Talseite eine höhere Beanspruchung als in dem auf der Bergseite. Da bei den Verdrükkungen der Gewölbe keine Risse zu sehen waren, so ist anzunehmen, daß die Verformungen sich vollzogen haben, so lange der Kalkmörtel noch weich war, d. h. gleich nach Aufnahme des Betriebes (ähnlich wie bei den Pfeilern Abb. 80 b). Wären diese zum Teil recht bedeutenden Verdrückungen der Gewölbe schon früher und nicht erst beim Umbau erkannt worden, hätte man sie wahrscheinlich als höchst betriebsgefährlich angesehen.

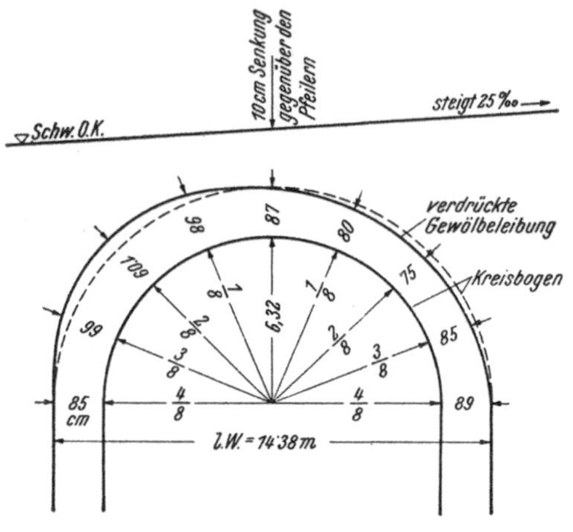

Abb. 99. Starke Verdrückung aller acht Gewölbe aus Ziegeln nach der Talseite (Unterer Adlitzgraben, vgl. Abb. 18, 28, 77).

20. Versintern der Risse.

Man sieht manchmal im Ziegelmauerwerk scharf abgegrenzte Risse, in denen sich Kalk, der an anderer Stelle ausgelaugt wurde, wieder abgesetzt hat, so daß die Risse ganz verschlossen sind. Ähnliches wurde bei schweren Betonwiderlagern beobachtet[20]. Durch solche Ablagerungen wird der zerstörte Verband zwischen den getrennten Teilen nicht wiederhergestellt. Wohl aber können die Risse auf diese Weise ganz abgedichtet werden. Der Vorgang ist jedenfalls ein Zeichen, daß die Bewegung, die die Risse verursacht hat, seit längerer Zeit zur Ruhe gekommen und kaum mehr als bedenklich anzusehen ist.

[20] Kieslinger, Bautenschutz 7, 10 (1936).

21. Sichern von Gewölben.

a) Zusammenstellung der betriebsgefährlichen Gewölberisse.

Die bisherigen Untersuchungen haben gezeigt, daß nur wenige Rißarten betriebsgefährlich werden können, und auch diese meist nicht sogleich, sondern erst durch das Hinzutreten anderer Umstände. Dabei wird von unruhigem oder ganz ungeeignetem Baugrund (Abb. 83 und Abschn. 17) und von Dammrutschungen abgesehen.

Abtrennen der Stirnmauern, hervorgerufen durch den Erddruck senkrecht zum Gleis, verlangt Sicherungen, wenn durch das Nachstürzen der Überschüttung die Gleislage gefährdet würde. Das ist der Fall

α) bei hohen, dünnen Stirnmauern, wenn das Gleis nahe der Stirn liegt (Abschn. 14 d, Abb. 74 a),

β) bei Durchlässen in sehr steilen Lehnen (Abschn. 14 b, Abb. 66 und 67),

γ) bei nachträglich erhöhten Stirnmauern jedoch nur ausnahmsweise (Abschn. 14 d, Abb. 74 b).

Abtrennen der Stirnmauer bei Brücken im Bogen (Abschn. 13 d) erfordert nur ausnahmsweise eine Sicherung.

Öffnen schräger Arbeitsfugen senkrecht zum Gleis (Abschn. 15 e) kann zur vollständigen Zerstörung des Gewölbes führen (Abb. 90).

Risse schräg zum Gleis und Risse in schiefen Gewölben (Abschn. 13 c) müssen nur in besonderen Fällen gesichert werden.

b) Beobachten.

Die Risse müssen unter allen Umständen gut beobachtet werden. Das Bauwerk muß in kürzeren Zeiträumen besichtigt werden, wenn die Risse erst entstanden sind oder wenn sie sich verändern. Es kann aber vorkommen, daß alte Risse sich nach vielen Jahren der Ruhe auf einmal verbreitern oder verlängern und daß neue Risse hinzukommen (Abb. 55, 68, 72). Dann muß wieder eine verstärkte Überwachung einsetzen.

Es werde z. B. im Scheitel nahe der Stirn ein kurzer Riß *2* parallel zum Gleis nach Abb. 57 c des Abschn. 12 festgestellt. Nach Abschn. 13 a sind solche Risse im allgemeinen ganz ungefährlich. Man muß aber selbstverständlich auch den Bauplan ansehen, und dieser zeige eine hohe schwache Stirnmauer nach Abb. 74 a. In diesem Falle kann der Riß sehr bald betriebsgefährlich werden.

Man muß eben immer trachten, möglichst bald ein richtiges Bild von den Ursachen der Risse zu gewinnen, dann kann man auf Grund der Beobachtungen, der Einsicht in die Pläne und etwa an Hand dieser Anleitung bald sagen, ob besondere

Maßnahmen zu treffen oder ob die Risse als ungefährlich anzusehen sind, weil ihre Unveränderlichkeit zeigt, daß ein neuer Beharrungszustand eingetreten ist. Die verschärfte Überwachung einer Brücke bedeutet keine besondere Mehrbelastung der Aufsichtsbeamten, weil sie meist nicht lange dauert; denn entweder muß eine Sicherung durchgeführt werden oder man kann sich wieder mit der gewöhnlichen Beobachtung begnügen.

Es kommt vor, daß ein langer Riß als neu gemeldet wird, während der Augenschein zeigt, daß es sich um einen alten Riß handelt; ein Zeichen, daß die regelmäßige Aufsicht vernachlässigt wurde. Und doch wäre es gut, zu wissen, an welcher Stelle die Rißbildung angefangen hat, ob im Gewölbe oder von der Grundmauer herauf, weil man daraus auf die Ursachen schließen kann.

Risse, die jahrzehntelang unverändert geblieben oder vielleicht gar schon wieder versintert sind (vgl. Abschn. 20), haben ihre Ungefährlichkeit selbst nachgewiesen.

Um festzustellen, ob und zu welcher Zeit ein Riß sich verbreitert, bringt man am Bauwerk Marken an (auch Spione genannt). Man legt quer über den Riß einige schmale Bänder aus Zement- oder Gipsmörtel (Abb. 64). Glasplatten oder Papierstreifen sind weniger geeignet. Der Tag der Anbringung wird daraufgeschrieben. Für den Brückenakt sollen Handskizzen mit färbig dargestellten Rissen angefertigt werden; Anleitung dazu in Abschn. 12.

Je nach dem Umfang der Schäden und der Größe des Bauwerkes und wenn an einen baldigen Umbau nicht gedacht wird, kann es zweckmäßig sein, die Lichtweite und Pfeilhöhe an mehreren Stellen nachzumessen (Abb. 70), etwaige Verformungen der Grundmauersockel, der Gesimse oder der Deckplatten von Brüstungen aufzunehmen (Abb. 53 und 78). Den Verlauf der Risse der Tiefe nach (in das Innere des Mauerwerkes) kann man leider nur ganz unvollkommen feststellen.

c) *Behelfsmäßige Maßnahmen.*

Häufig werden sofort nach dem Bekanntwerden der Risse Langsamfahrsignale aufgestellt, um die Erschütterungen durch die Verkehrslast auszuschalten. Das ist eine vorläufige Sicherung, die aber nur so lange Berechtigung hat, als noch kein maßgebendes Urteil über die Betriebssicherheit abgegeben ist. Lautet dieses auf einen baldigen Umbau, dann kann das weitere Langsamfahren berechtigt sein. Lautet es aber dahin, daß die Risse nur zu beobachten sind, dann sind die Langsamfahrsignale aufzuheben, denn es soll ja das Verhalten des Bauwerks beim Befahren mit voller Geschwindigkeit festgestellt werden. Ein dauerndes Langsamfahren wegen ungefährlicher Risse parallel zum Gleis ist unverantwortlich.

In dem Glauben, daß beim Auftreten von Rissen in Gewölben unbedingt etwas unternommen werden muß, und in Verkennung der Gewölbewirkung werden gelegentlich unzweckmäßige Sicherungen vorgenommen. Später heißt es dann, die Sicherung hätte sich an dieser Stelle schon bewährt, wobei ganz übersehen wird, daß sie vielleicht überhaupt nicht notwendig war.

Um den Verkehr von Schwerfahrzeugen zu ermöglichen, wird gelegentlich vorgeschlagen, den Gewölbescheitel durch eine Ständerreihe zu unterstützen. Es werden Gewölbe und Balken verwechselt. Dadurch würde ein gefährlicher Zustand geschaffen[21].

Auf ebensolche Unkenntnis der Gewölbewirkung ist es zurückzuführen, wenn die Leibung durch einzelne Ständer abgestützt wird. Glücklicherweise ist es nicht so leicht, die Gewölbewirkung aufzuheben.

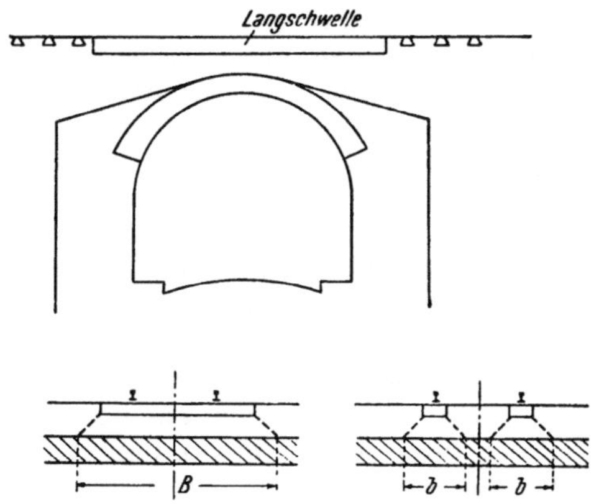

Abb. 100. Unzweckmäßige Sicherung eines schadhaften Gewölbes durch Langschwellen.

Wenn in einem Gewölbe Risse parallel zum Gleis auftraten, hat man früher die Querschwellen entfernt und durch Langschwellen ersetzt (Abb. 100). Dadurch wird zwar in der Gleisrichtung die Verkehrslast besser verteilt, die Entlastung wird aber mit zunehmender Lichtweite des Gewölbes immer geringer. Senkrecht zum Gleis verteilte sich die Verkehrslast früher auf die Breite B, jetzt nur mehr auf die Breite $2b$. Der Druck auf die Gewölberinge unter den Langschwellen ist viel größer als früher. Für das Gewölbe ist keine Verbesserung, sondern eine Verschlechterung eingetreten. Daher ist das Einziehen von Langschwellen unzweckmäßig. Richtiger wäre der Einbau von sehr starken Querhölzern, um die Verkehrslast gleichmäßiger auf die ganze Gewölbebreite zu verteilen. Nach Abschn. 13 a kann man sich jedoch bei Gewölberissen parallel zum Gleis im allgemeinen durch lange Zeit hindurch mit Beobachtungen begnügen.

Sehr beliebt beim Auftreten von Rissen jeglicher Art ist der Einbau eines Lehrgerüstes. Das Lehrgerüst hat dem Gewölbe beim Bau die verlangte Form zu geben und dabei die einzelnen Steine zu unterstützen. Es hat also nur dann einen Sinn, wenn die Gewölbewirkung noch nicht besteht, wie beim Neubau, oder wenn sie gestört oder ganz verlorengegangen ist. Das kann der Fall sein beim Öffnen schiefer Betonierfugen (Abb. 62 b, c und

[21] In Verkennung der Gewölbewirkung führte unrichtiges Ausrüsten eines Dreigelenkbogens zum Brückeneinsturz in Flensburg. Beton und Eisen **24** (1925).

90) oder wenn durch viele Risse senkrecht zum Gleis das Gewölbe labil geworden wäre. Das Lehrgerüst müßte dann unter Umständen so stark sein, daß es auch die Verkehrslast aufnehmen könnte.

Auch wenn sehr viele Steine oder ein zusammenhängender Block aus dem Gewölbe herausfallen, ist ein Lehrgerüst notwendig.

Ein Lehrgerüst ist aber dann nicht am Platz, wenn die Gewölbewirkung nicht verlorengegangen ist, also bei Rissen parallel zum Gleis. Nach den Ausführungen des Abschn. 13 a trägt in diesem Falle das Gewölbe sich selbst und die Verkehrslast. Wenn ein nachträglich daruntergestelltes Lehrgerüst mitwirken soll, dann müßte ein Teil der Bogenkraft aufgehoben werden, was selbst durch scharfes Ankeilen nicht leicht möglich ist. Vom Neubau ist bekannt, daß sich Gewölbe manchmal schon vor dem Ausrüsten vom Lehrgerüst abheben, weil der Bogen im Sommer aufsteigt und das Holz schwindet. Dem Verfasser ist auch ein Fall bekannt, wo ein zur Sicherung eingebautes Lehrgerüst bei der endlichen Durchführung des Brückenumbaues schon so stark angefault war, daß es zur Aufnahme von Lasten gar nicht mehr geeignet war. Trotzdem war man der Meinung, das dreifeldrige Bauwerk ganz besonders gut gesichert zu haben. Das Aufstellen von Lehrgerüsten beim Auftreten von Rissen wird eben als Sicherung angesehen, ohne daß man sich über seine Notwendigkeit oder Wirksamkeit auch immer Gedanken macht.

Als Beispiele dienen Abb. 67 a und 68 (Abschn. 14 b). Der waagrechte Auslauf wurde durch die darüberliegende Erdlast vom übrigen Gewölbe abgetrennt und talwärts geschoben. An der Gewölbewirkung unter dem Gleis hatte sich gar nichts geändert. Daher war eine Sicherung dieses Bauwerkteiles in der Gleisrichtung nicht notwendig. Wäre der abgetrennte Auslauf weiter talwärts gedrückt worden und das Gleis nachgesunken, so hätte das Lehrgerüst unter dem Gleis das nicht verhindern können. Das Lehrgerüst war also keine Sicherung gegen die durch die Rißbildung angezeigte Kraft. Es bekam erst einen Sinn, als hinter den Widerlagern Schlitze hergestellt wurden, um die Schließen einziehen zu können, und man sich gegen unsymmetrische Belastung in der Gleisrichtung sichern wollte.

Ist ein Gewölbe durch Risse parallel zum Gleis in mehrere Ringe aufgespalten, so verhindert das Lehrgerüst, daß ein etwa sehr schmaler Stirnring hinausgedrückt werden kann. Das geschieht aber nur durch die Reibung zwischen Holz und dem Mauerwerk des Stirnringes. Der Stirnring würde besser durch Schließen senkrecht zum Gleis gesichert, die die Seitenkräfte unmittelbar aufnehmen.

Schließlich ist das Lehrgerüst auch ein Verkehrshindernis und kann deshalb nur ausnahmsweise jahrelang stehenbleiben. Gewöhnlich wird man von den Gemeinden auf einen Umbau innerhalb einer bestimmten Frist festgelegt. Daher sollte man sich immer wohl überlegen, ob ein Lehrgerüst überhaupt notwendig ist, da ja in den meisten Fällen Risse in einem Gewölbe noch keine Gefahr bedeuten. Bloß „um sich zu decken“ darf man kein Lehrgerüst aufstellen.

d) Endgültige Maßnahmen.

Es muß eine Beschränkung auf die früher beschriebenen Fälle eintreten, auf eine allgemeine Behandlung der durch Schäden verursachten Brückeninstandsetzungen kann nicht eingegangen werden, weil es den Rahmen dieses Buches überschreiten würde.

Man kann einem Bruchsteinmauerwerk, das von Anfang an wenig Bindemittel hatte oder dessen Mörtel stark ausgelaugt worden ist, durch E i n p r e s s e n v o n Z e m e n t m ö r t e l einen besseren Verband geben als beim Aufmauern. Insbesondere wird das in Abschn. 8 besprochene Aufspalten durch örtliche Überbeanspruchung kaum mehr auftreten. Leider liegen über das Auspressen von altem Ziegelmauerwerk keine so guten Erfahrungen vor.

Abb. 101. Sicherung der Gewölbe durch eine alte Schließe *A* im zweiten Feld und durch neue Schließen im zweiten und dritten Feld. Sicherung des ersten Pfeilers durch Schließen und des zweiten Pfeilers durch Pölzung (Ansicht der Brücke Abb. 78). Scheitel und Brüstung durchgesackt.

Wird bei R i s s e n p a r a l l e l z u m G l e i s eine Sicherung gegen waagrechte Kräfte als notwendig erachtet — etwa bei Brücken im Bogen die Sicherung gegen die Fliehkraft oder weil bei einer Brücke mit hohem Pfeil die Standsicherheit zu klein geworden ist (Abschn. 13 a) —, so legt man bei geringer Überschüttung am einfachsten kräftige Schließen senkrecht zum Gleis (Abb. 63 a und 101, zweite und dritte Öffnung). Hierdurch sind selbst ganz am Rand liegende Risse, wie Riß *1* in Abb. 57 h, gesichert (entspricht der Schließe *A* in der zweiten Öffnung der Abb. 101). Mit solchen Schließen kann man für viele Jahre etwas Endgültiges schaffen, nicht aber mit einem Lehrgerüst.

Man sollte schon neue Gewölbe mit solchen Schließen ausstatten, um eine spätere Rißbildung zu erschweren. Doppelschließen (Abb. 63 a) haben den Vorteil, daß sie auch ein Moment aufnehmen können, daher gegen die Bildung von neuen Rissen besser sichern.

Der Einbau von Schließen hinter den Widerlagern wie in Abb. 67 b und c verursacht erhebliche Kosten und Betriebsstörungen. Diese Schwierigkeiten werden beim Pfeiler der Abb. 101 vermieden, der unabhängig vom Betrieb gesichert werden konnte.

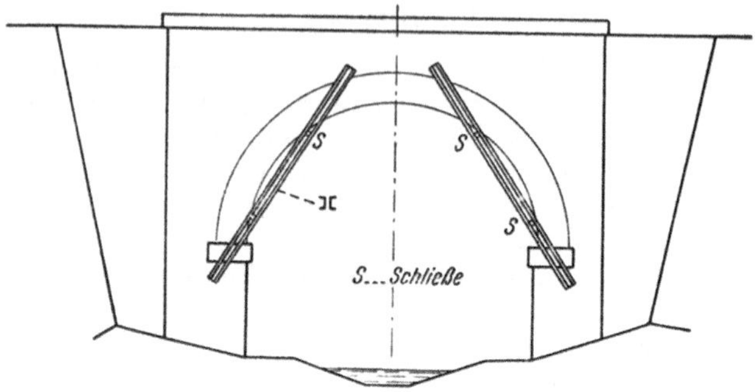

Abb. 102. Sicherung des Gewölbes durch vier Schließen S an der Leibung, die an den schrägliegenden][-Eisen angreifen. Die überdies eingebauten Hölzer (vgl. Abb. 103) sind nicht eingetragen.

Im zweigleisigen Durchlaß der Abb. 102 und 103 haben sich beide Stirnringe abgetrennt. Ein Riß geht durch das ganze Widerlager bis in die Grundmauer. Außerdem sind noch mehrere Risse parallel zum Gleis entstanden. Man hat an der Leibung vier kräftige Schließen verlegt, die mit den schrägliegenden][-Eisen verhängt sind. Durch die zusätzliche, nicht unbedingt notwendige Sicherung der Stirnringe durch Hölzer ist der lichte Querschnitt des Durchlasses verbaut worden, ein Nachteil, den man nur bei geringer Wasserführung in Kauf nehmen kann. Auch hier gab es keine Betriebsstörung.

Abb. 103. Lichtbild zu Abb. 102.

Man darf jedoch nicht übersehen, daß an der Luft liegende Schließen im Sommer schlaff werden. Von diesem Gesichtspunkt aus ist die Lösung in Abb. 67 b und c trotz Betriebsstörungen und hoher Kosten besser.

Sicherungen wie in Abb. 101 und 102 sehen nicht sehr schön aus. Sie erfüllen aber ihren Zweck, indem alle Fahrzeuge mit unverminderter Geschwindigkeit über die Brücke fahren können. Beide Brücken liegen in Hauptstrecken mit sehr starkem Verkehr. Der sehr störende Umbau konnte auf lange Jahre hinausgeschoben werden. Da beide Brücken in sehr einsamer Gegend liegen, wird man sich in der heutigen Zeit mit dem unschönen Aussehen abfinden.

Eine Sicherung des Durchlasses Abb. 66 durch Schließen senkrecht zum Gleis wäre teuer und umständlich. Wie in Abschn. 14 b erwähnt, wurde die Herstellung von Streben auf der Talseite vorgeschlagen, die zwar keine Betriebsstörung verursachen, aber wegen des sehr tief liegenden Tegels ebenfalls sehr teuer sind.

Hat man einen Stirnring zu sichern, der infolge Erhöhung der Stirnmauer abgetrennt wurde (Abb. 74 c), so kann man auch wieder Schließen einziehen, die sich bei einem langen Durchlaß selbstverständlich nicht über seine ganze Länge erstrecken müssen; oder die Kehle *K* zwischen Gewölbe und Stirnmauer wird aufbetoniert, wodurch das Gewölbe verstärkt und dem Erddruck, der das Abreißen des Stirnringes verursacht hat, eine andere Richtung gegeben wird.

Sollen Risse senkrecht zum Gleis durch Einpressen von Zementmörtel behoben werden, so ist zunächst festzustellen, ob die Trennungsfläche schief zur Bogenachse liegt. In einem solchen Falle würde der eine Schenkel, wenn er nicht durch ein Lehrgerüst daran gehindert ist, nach abwärts gedrückt (Abb. 62 b, c und 90) und wahrscheinlich beschädigt werden. Man muß den Gewölbeteil mit der schiefen Betonierfuge ganz herausstemmen, so daß zwei senkrecht zur Gewölbeachse stehende Flächen entstehen. Dann wird das Gewölbe nach dem Ausdehnungsverfahren behandelt, d. h. es werden in den Zwischenraum Druckwasserpressen eingesetzt, die beiden Gewölbeschenkel auseinandergedrückt und dann der Zwischenraum ausbetoniert.

Wenn schadhafte Flügel gesichert werden müssen, so soll man immer zuerst trachten, den alten Flügel stehen zu lassen und einen neuen, vielleicht etwas schwächeren davor zu setzen, wie es in Abschn. 10 bei Abb. 47 besprochen worden ist.

22. Über das Formänderungsvermögen von Mauerwerk.

Schon im Abschn. 15 d wurde darauf hingewiesen, daß Talübergänge aus Beton Dehnfugen erhalten müssen, während die alten Talübergänge aus Ziegel- oder Bruchsteinmauerwerk ohne Dehnfugen hergestellt worden sind. Das erklärt sich aus dem verschiedenen Verhalten der Baustoffe.

Das Mauerwerk in Kalkmörtel, zum Teil auch das in Romanzement, blieb verhältnismäßig lang weich. Daher konnte es manche kleine Verformungen noch während oder unmittelbar nach dem Bau vollziehen (Pfeiler der Abb. 80 b). Der Beton aber wird rasch sehr hart, er ist daher sehr empfindlich gegen solche Verformungen. Dazu kommt, daß der Beton stark schwindet, im Gegensatz zu Mauerwerk in Kalkmörtel.

Risse im Beton und Risse, die quer durch die Ziegel oder Bruchsteine gehen, lassen sich durch Ausstopfen und Verschmieren nicht mehr verbergen. Folgen aber die Risse in altem Mauerwerk den Fugen, wie es bei Bruchsteinmauerwerk sehr häufig der Fall ist, dann werden sie so gut wie möglich ausgestopft und neu verfugt und dadurch für den späteren Beschauer unsichtbar. Wurden solche Risse nicht im Brückenbuch festgehalten, dann geht ihre Kenntnis mit dem Wechsel der Aufsichtsbeamten ganz verloren.

Abb. 104. Starke Eisbildung bei einem Pfeiler einer Wasserleitungsbrücke im strengen Winter 1927.

In besonders strengen Wintern tritt bei Wasserleitungsbrücken über den Pfeilern Wasser aus (Abb. 104). Infolge der außergewöhnlichen Scheitelsenkung sind, wie bei Abb. 54 beschrieben, Risse in der Übermauerung entstanden, die sich bei zunehmender Wärme zum Teil wieder schließen, bei Wasserleitungen überdies wegen des Wasserverlustes von innen und außen so gut wie möglich abgedichtet werden.

Es ist mit Sicherheit anzunehmen, daß sich auch in alten Talübergängen der Eisenbahnen solche Risse gebildet haben, auch wenn man jetzt nichts mehr davon sieht und erst beim Umbau (Abb. 77) oder Abtragen daraufkommt, weil die Risse außen verfugt oder durch einen Schalenbau ganz verdeckt worden sind (Abschn. 3, 4 und 5).

Wenn man an einer alten Brücke aus Bruchstein- oder Ziegelmauerwerk starke Verformungen. aber keine Risse bemerkt, so darf man daher daraus nicht den Schluß ziehen, dieses Mauerwerk habe alle diese Verformungen ohne Schäden mitgemacht, weil es plastisch sei.

Die Normen geben für die Formänderungszahl E (Elastizitätsmodul) an:

Beton	210 t/cm²,
Bruchsteinmauerwerk in Zementmörtel	100 t/cm² (kann bis 350 steigen),
Hartbrandziegel od. Klinker in Zementmörtel	50 t/cm².

Ö r l e y[22] errechnet aus der Pfeilerbewegung der Trisannabrücke (Abb. 80 b) für Bruchsteinmauerwerk in Romanzement-

[22] Vgl. S. 67, Anm. 16.

mörtel ein $E = 30$ t/cm². Für Mauerwerk in Kalkmörtel scheinen die E ganz zu fehlen. Auch hier wird es große Unterschiede geben, denn es ist ohne weiteres einzusehen, daß ein Gewölbemauerwerk aus großen Quadern mit sehr engen Fugen ein viel größeres E haben muß als eine Übermauerung, die zwar aus den gleichen Gesteinsbrocken, aber zu einem Drittel und mehr aus weichem Mörtel besteht. Ähnliche Verhältnisse liegen bei Pfeilern vor, die außen mit Quadern verkleidet sind, innen aber aus einem schlechten Füllmauerwerk bestehen.

Das weitgehende Formänderungsvermögen von altem Ziegelmauerwerk in Kalkmörtel ist aus Abb. 82 zu ersehen. Die Brüstung wurde durch das Aufsteigen des Gewölbescheitels langsam hinaufgedrückt, Risse sind dabei nicht aufgetreten. Abb. 101 zeigt die Verformung einer Brüstung aus altem Bruchsteinmauerwerk, in der trotz der in Abb. 78 dargestellten und in Abschn. 14 e, β, beschriebenen Verformungen wahrscheinlich keine Risse entstanden sind. Auch in dem Böschungsflügel aus Bruchsteinmauerwerk der Abb. 47 waren keine Risse zu sehen, der Mörtel war allerdings schon sehr schlecht. Es ließ sich nicht mehr feststellen, ob vielleicht Fugenrisse verschmiert worden waren.

Die Verformungsmöglichkeit erklärt sich aus dem weichen, d. h. sehr nachgiebigen Kalkmörtel oder aus einem Mörtel mit wenig Bindemittel. Bei einem harten Zementmörtel wäre es wahrscheinlich nicht ohne Risse abgegangen. Bei Beton sind solche risselose Verformungen ganz ausgeschlossen.

Ob die in Abb. 99 dargestellte weitgehende Verformung von alten Ziegelgewölben ohne Risse vor sich gegangen ist, wurde leider nicht festgestellt. Die Verformung wurde zu spät erkannt, als die Ziegel der Leibung schon abgeschlagen waren. Beim Einbau des dritten Gewölbes ist zwar die Übermauerung, nicht aber der Gewölberücken freigelegt worden.

23. Schluß.

Es muß neuerlich hervorgehoben werden, daß nach den vorstehenden Untersuchungen nur wenig Rißarten als betriebsgefährlich anzusehen sind und daß in den meisten Fällen ein Beobachten genügt (vgl. Abschn. 21 a und b). Bei der Beurteilung der Betriebssicherheit muß man ein Gefühl für den Kräfteverlauf und für die Eigenschaften der Baustoffe haben, die Beurteilung nach ziffernmäßigen Beanspruchungen wird dagegen zurücktreten. Die Rechnung ist wohl ein unentbehrliches Hilfsmittel, aber wenn sie unzulässige Spannungen ergibt, so muß man sich immer folgendes vor Augen halten:

a) Die in den Normen festgesetzten zulässigen Beanspruchungen gelten für das Entwerfen von neuen Brücken;

b) für bestehende Massivbrücken sind die zulässigen Beanspruchungen für Eisenbahnen überhaupt nicht eigens genormt, für

Straßen zwar erhöht, aber vom rechnungsmäßigen Überschreiten der zulässigen Beanspruchungen bis zu einem gefährlichen Zustand oder gar bis zum Zusammenbruch ist noch ein weiter Spielraum;

c) beschädigte Bauwerke werden in den Normen überhaupt nicht behandelt, hier muß die persönliche Verantwortungsfreudigkeit einsetzen;

d) schon bei der Berechnung von unbeschädigten Gewölben werden so viele Annahmen gemacht[23], daß häufig die ausgerechneten unzulässigen Spannungen mit der Erfahrung in argem Widerspruch stehen.

Bei der Beurteilung der Betriebssicherheit müssen Theorie und Erfahrung zusammenarbeiten. Man darf sich nicht scheuen, nötigenfalls den Rat eines wirklichen Fachmannes einzuholen, der jedoch die Verantwortung auch nur für den Zustand zur Zeit der Besichtigung übernehmen kann. Ob sich an diesem Zustand etwas ändert, müssen die mit der unmittelbaren Aufsicht Betrauten feststellen. Ein schadhaftes Bauwerk darf man nicht dauernd ohne Überwachung sich selbst überlassen.

Jedoch muß unbedingt daran festgehalten werden, daß man auch schadhafte Bauwerke meist noch jahrzehntelang mit unverminderter Geschwindigkeit befahren kann; gehören doch die Gewölbe zu unseren verläßlichsten Bauwerken, die nicht nur alle Steigerungen der Betriebslasten seit 100 Jahren anstandslos auf sich genommen, sondern auch Mißhandlungen ertragen haben, wie das Abschlagen der Leibung und Ersetzen durch einen viel härteren Baustoff (Abb. 6, rechtes Feld, Abb. 26 und Abschn. 5). Die Unverwüstbarkeit der Gewölbe offenbart sich am eindringlichsten, wenn man sie durch Sprengen abtragen will.

Im vorstehenden wurden die Schäden rein von dem Gesichtspunkt aus beurteilt, ob damit eine Gefährdung des Betriebes verbunden oder zu erwarten ist. Damit ist aber nicht gesagt, daß bei ungefährdeter Betriebssicherheit nicht andere Gründe für einen baldigen Umbau sprechen können. Es ist z. B. das Abtrennen der Stirnringe bei einem alten Ziegelgewölbe (vgl. Abschn. 14 e) eine fast als normal zu bezeichnende Erscheinung, bei der das Beobachten genügt. Kommt aber bei jedem Regen das Wasser durch den Riß, so wird das Mauerwerk ganz durchfeuchtet und im Winter durch Frost schwer beschädigt. Trotzdem also der Riß für die Betriebssicherheit ohne Bedeutung ist, wird man in diesem Falle das Bauwerk möglichst bald instand setzen.

Viele alte Bauwerke sind stärker verformt, als durch den bloßen Augenschein zu erkennen ist. Bei hohen Talübergängen sind die Entfernungen zu groß und die Form der Leibung kann man vom Gelände aus überhaupt nur schwer beurteilen. So wurde die starke Verdrückung der Gewölbe in Abb. 99 erst beim Umbau entdeckt, als während des Betonierens der Zementvorrat überra-

[23] Kern, Bauingenieur **22**, 237 (1941).

schend zu Ende ging. Daher sollte man sich nicht nur bei Instandsetzungsarbeiten, sondern auch beim Abtragen von alten Bauwerken, wenn alle Stellen durch Gerüste zugänglich gemacht worden sind, über die eingetretenen Verformungen unterrichten, den Zustand des Mauerwerkes überprüfen, auch die Tiefe der Risse festzustellen versuchen, wenn es nicht zu umständlich und teuer ist, denn über deren Verlauf im Innern des Bauwerkes weiß man in der Regel nicht viel.

Auch auf diese Weise kann man seine Erfahrung bereichern, die man für die Beurteilung der Betriebssicherheit eines schadhaften alten Bauwerkes nötig hat.

Sachverzeichnis.

Absinken einzelner Ziegel und Steine aus dem Gewölbe 25, 66.
Abstochern der Gewölbe im Frühjahr 7.
Abtrennen der Flügel 25.
— — Schalen aus Betonformsteinen, Spritzbeton, Klinkern 8.
— — Stirnmauern von Gewölben 77.
— — Stirnringe bei alten Gewölben 62.
— — — — Brücken im Bogen 52.
— — — — Erhöhung der Stirnmauer 61.
— — — — Neubauten: im Entwurf vorgesehene Fugen 47, 64.
— — — — —: Rißbildung infolge mangelhaften Entwurfes 60.
— — — — —: Beispiel Adlitzgraben 64.
— — — — schrägen Rissen 51.
— — — — Verkleidungen 15.
Alterserscheinungen bei Gewölben 62.
— an Pfeilern und Widerlagern 37.
Arbeitsfugen in Gewölben, schräge 50, 73.
Aufspalten von Pfeilermauerwerk 31.
Ausführungsfehler als Ursache von Gewölberissen senkrecht zum Gleis 73.
Auslaugen des Mörtels 40.
— — — verursacht Gewölberisse senkrecht zum Gleis 66.
Ausweichen der Kämpfer nach außen 66.
— — — — innen 69.

Baugrund, Einwirkung auf die Pfeiler 34.
—, ungeeignet für Gewölbe 76.
Bauteile, nachträglich eingesetzte, ihre Mitwirkung 13, 19, 36.
Beanspruchungen bei schadhaften Brücken, unzulässige 89.
Beobachten von Gewölberissen 81.
Beobachtungsmarken bei Rissen 82.
Betriebssicherheit bei Ablösen der Gewölbestirne 17.
— — Abtrennen der Flügel 27.
— — — von Verkleidungsschalen 13.
— — Aufspalten von Pfeilern 33.
— — Ausweichen der Kämpfer nach außen 68.
— — Einpressen der Durchlässe in den Baugrund 59.
— — Gewölberissen parallel zum Gleis 48.
— — — senkrecht zum Gleis 49.
— — — schräg zum Gleis 51.
— — nachträglich eingebauten unteren Gewölberingen 24.
— — Öffnen schräger Arbeitsfugen in Gewölben 50, 73.
— — Scheitelsenkungen der Gewölbe 43.
— — Stirnringabtrennungen in alten Gewölben 64.
— — — in Brücken im Bogen 52.
— — — infolge Erhöhung der Stirnmauer 61.
— — — bei Neubauten 61.
— — Verwitterungsschäden 6.
Bogenschub verursacht Ausweichen der Kämpfer nach außen 66.
Brüstungsmauer, Einsinken infolge Scheitelsenkung des Gewölben 42, 66, 78.
—, Verdrehen der 66.

Dammschüttung, Muldenbildung 58, 67, 77.
—, gewölbeartige Verspannung 59.
Darstellung und Bezeichnung der Risse in Gewölben 44.
Druckversuche mit Mauerwerkskörpern 29.

Einpressen von Durchlässen in den Baugrund 56.
— — Zementmörtel ins Mauerwerk 34, 85.
— — — zur Verstärkung von Gewölben 19, 24.

Entwurfsfehler, fehlende Fugen bei Bogenreihen aus Beton 71, 73.
— — — — Flügelmauern 26.
— — — — langen Gewölben unter hohen Dämmen 58.
— — — zwischen Gewölben und anschließenden Stützmauern 71.
—, Lehnendurchlässe 56.
—, nachträgliche Erhöhung der Stirnmauer 61.
—, schwache Stirnmauer bei hoher Überschüttung 60.
Erddruck senkrecht zum Gleis 54, 59, 60.

Feststellen von Verformungen 90.
Flügel, Abtrennen der 25.
—, Sichern der 87.
Formänderungsvermögen von Mauerwerk 87.
— — —, Beispiel für Irreführung 43.
Fugen in Bogenreihen aus Beton 71, 73.
— — Durchlässen und Gewölben 58, 59.
— bei Stirnringen 47, 64.
— für die Flügel der Widerlager 26.

Gefährliche Gewölberisse, Zusammenstellung 81.
Geographische Lage, Einfluß auf die Verwitterung 5.
Gewölbeartige Verspannung der Dammschüttung senkrecht zum Gleis 59.
Gewölberinge, untere, nachträglich eingebaut 17.
Gewölberisse parallel zum Gleis, Betriebssicherheit 46.
— — — —, Darstellung 44.
— — — —, Sicherungen 85.
— — — —, Ursachen: Abtrennen der Stirnringe bei alten Gewölben 61.
— — — —, —: Abtrennen der Stirnringe bei Neubauten 60.
— — — —, —: Einpressen in den Baugrund 56.
— — — —, —: Erddruck senkrecht zum Gleis 54, 60.
— — — —, —: ungleichmäßige Scheitelsenkung senkrecht zum Gleis 41, 57, 62.
— — — —, —: Verkehrslast 52.
— schräg zum Gleis, Betriebssicherheit 51.
Gewölberisse schräg zum Gleis, Darstellung 44.
— — — —, Ursachen 74.
— senkrecht zum Gleis, Betriebssicherheit 48.
— — — —, Darstellung 44.
— — — —, Sicherungen 87.
— — — —, Ursachen: Ausführungsfehler 72.
— — — —, —: Auslaugen des Mörtels aus dem Gewölbe 66.
— — — —, —: Ausweichen der Kämpfer nach außen 66.
— — — —, —: Entwurfsfehler 71.
— — — —, —: Verdrehen der Widerlager nach innen 69.
— — — —, —: Wirkung von Sprengbomben 74.
—, Zusammenstellung der gefährlichen 81.
Gründung auf Holz 27.

Herabfallen von Ziegelstücken 3, 5, 6.

Kämpfer, Ausweichen nach außen 66.
—, — — innen 69.
Kraftübertragung bei nachträglich eingebauten unteren Gewölberingen 19.
— — — eingebautem Mauerwerk 13, 36.
— — Schalen 9.

Langschwellen zur Sicherung von Gewölben 83.
Lehnendurchlässe 55.
Lehrgerüst zur Sicherung von Gewölben 83.

Mainzer Dom, Sicherungsarbeiten 28.
Mulden im Untergrund, hervorgerufen durch Dammschüttung 58, 67, 77.

Nachträglich eingebaute untere Gewölberinge 17.
— eingesetzte Bauteile, ihre Mitwirkung 13, 19, 36.

Örtliche Überbeanspruchung in Pfeilern 29.

Pfeiler, Alterserscheinungen 37.
—, Aufspalten durch örtliche Überbeanspruchung 31.
—, Ausbesserungen 11, 36.

Pfeiler, Einpressen von Zementmörtel 34.
—, Einwirkung des Baugrundes 34.
—, Risse infolge Senkung der benachbarten Gewölbe 42.
—, Verkleiden (Schalenbauweise) 7.

Rißbildung in Gewölben durch Absinken in Dammsetzungsmulden 58, 67, 77.
Risse in Gewölben, Darstellung und Bezeichnung 44.
— — —, parallel zum Gleis 46, 52.
— — —, schräg zum Gleis 51, 74.
— — —, senkrecht zum Gleis 48, 66.

Schalenbauweise 7, 15.
—, ihre Nachteile 8, 14.
Schaulöcher im Mauerwerk 15.
Scheitelsenkungen der Gewölbe als Folge des Einpressens in den Untergrund 57.
— — — — — des Mörtelauslaugens 40, 66.
— — — beim Abtrennen der Stirnmauer 63.
— — — ungleichmäßig senkrecht zum Gleis 41, 66.
Schräge Arbeitsfugen in Gewölben 50, 73.
Sichern von Gewölben 81.
— — —, behelfsmäßige Maßnahmen 82.
— — —, endgültige Maßnahmen 85.
— von schadhaften Flügeln 87.
Sparöffnungen über den Pfeilern in Bogenreihen 72.
Sprengbomben, Wirkung auf ein Gewölbe 74.
Sprengwirkung des Frostes 3, 5.

Talübergänge mit einem großen Mittelfeld aus Stahl 67.

Überbeanspruchung, örtliche, in Pfeilern 29.
Untere Gewölberinge, nachträglich eingebaut 17.
Unzulässige Beanspruchungen bei schadhaften Brücken 89.

Verdrehen des Stirnringes bei alten Gewölben 66.
— der Widerlager 67, 69.
Verdrücken der Gewölbeform 79, 90.
Verformungen feststellen 91.
Verkleiden der Gewölbestirn 15.
— von Pfeilern und Widerlagern 7.
Verkürzungen der Bogenachse durch Auslaugen des Mörtels 40.
Versintern der Risse 80.
Verwitterung 2.
—, Einfluß der geographischen Lage 5.

Wasserleitungsbrücken, Wasseraustritt bei starkem Frost 88.
Wellenlinien bei Gewölbereihen 42.
Widerlager, Abtrennen der Flügel 25.
—, Alterserscheinungen 37.
—, Verdrehen 67, 69.
—, Verkleiden 7.

Zementmörtel, Einpressen ins Mauerwerk 34, 85.
—, Einpressen zur Verstärkung von Gewölben 19, 24.
Zerstörung von Gewölben durch Erddruck senkrecht zum Gleis 60.
— — — — Absinken in Dammsetzungsmulden 77.
— — — — Öffnen schräger Arbeitsfugen 74.
— — — — ungeeigneten Baugrund 76.
— — — — Verdrehen und Verschieben der Widerlager 70.

GPSR Compliance

The European Union's (EU) General Product Safety Regulation (GPSR) is a set of rules that requires consumer products to be safe and our obligations to ensure this.

If you have any concerns about our products, you can contact us on ProductSafety@springernature.com

In case Publisher is established outside the EU, the EU authorized representative is:

Springer Nature Customer Service Center GmbH
Europaplatz 3
69115 Heidelberg, Germany

Batch number: 10577876

Printed by Printforce, the Netherlands